WARUM UNSERE CHEFS
PLÖTZLICH SO NETT ZU UNS SIND

WOLFGANG JENEWEIN

WARUM UNSERE CHEFS PLÖTZLICH SO NETT ZU UNS SIND

UND WARUM SIE ES WAHRSCHEINLICH SOGAR ERNST MEINEN

SALZBURG – MÜNCHEN

1. Auflage
© 2018 Ecowin Verlag bei Benevento Publishing,
eine Marke der Red Bull Media House GmbH,
Wals bei Salzburg

Medieninhaber, Verleger und Herausgeber:
Red Bull Media House Gmbh
Oberst-Lepperdinger-Straße 11–15
5071 Wals bei Salzburg, Österreich

Redaktion: André Pleintinger
Satz: MEDIA DESIGN: RIZNER.AT
Umschlaggestaltung: www.b3k-design.de, Andrea Schneider, diceindustries
Grafik S. 78: © Randy Glasbergen/Glasbergen Cartoon Sevice/glasbergen.com
Printed in Czech Republic

ISBN 978-3-7110-0167-2

*Für Poldi, Lauri, * und Theresa*

Inhalt

Vorwort

Sie haben Angst davor, im Job einen Fehler zu machen, weil Ihr Chef jedes Mal, wenn ein Fehler passiert, sofort verrücktspielt? Sie trauen sich nicht zu sagen: »Was Sie da verlangen, das ist unmöglich zu schaffen, wir sollten ganz anders vorgehen, um unser Problem zu lösen!«?

Sie wurden noch nie gefragt, ob Sie sich wohlfühlen in Ihrem Team und ob Sie vielleicht lieber einen anderen Job machen wollen – etwas, das Ihren Neigungen und Ihren Leidenschaften entspricht?

Sie sollen einfach nur funktionieren?

Treffen diese Einschätzungen allesamt auf Sie zu, dann sollten Sie sich Sorgen machen. Wir alle sollten uns Sorgen machen. Denn diese Art, ein Unternehmen zu führen, ohne sich um die Mitarbeiterinnen und Mitarbeiter zu kümmern, ist immer noch weit verbreitet. Dieser Führungsstil macht Menschen unglücklich, was schon schlimm genug ist. Aber mehr noch: Er ist gefährlich für unsere Wirtschaft, für unser ganzes Land.

Der VW-Skandal um gefälschte Abgaswerte hat nicht nur einen der größten deutschen Konzerne in seiner Existenz gefährdet. Er hat die ganze Marke »*Made in Germany*« in Verruf gebracht. Und hinter all dem steckt kein Charakterfehler der Manager, keine betrügerische Absicht, sondern eine falsche Führungskultur. Die zuständigen Ingenieure hatten einfach nicht den Mumm zu sagen: »Was ihr da oben von uns verlangt, das schaffen wir nicht.« Es gab kein ehrliches, konstruktives Miteinander, keine Diskussionskultur.

Die schlechte Nachricht ist: So ein Regime der Angst herrscht immer noch in vielen deutschen Unternehmen.

Die gute Nachricht ist: Immer mehr deutsche Unternehmen und auch VW verstehen mittlerweile, dass sie sich ändern müssen. Sie stellen ihre Führungskultur auf den Prüfstand, holen sich Hilfe von außen, lassen sich erklären, wie moderne Führung funktioniert. Genau hier versuche ich zu helfen. Seit vielen Jahren ist es mein Anliegen, Führungskräfte und Organisationen menschlicher und emotionaler zu machen.

Martin Winterkorn, der gescheiterte VW-Konzernchef, hatte jede Menge Ahnung von Autos. Und er konnte ein Unternehmen mit 500 000 Mitarbeitern lange Zeit erfolgreich führen wie ein General. Pläne wurden abgearbeitet, jeder einzelne in dem Konzern hatte zu funktionieren beim Plan, das große Ziel zu erreichen: Nummer eins in der Welt werden.

Warum man Nummer eins in der Welt werden will? Muss man doch niemandem erklären, versteht sich doch von selbst, denken die meisten Führungskräfte noch heute. Dieses Denken stammt aus den 1990er-Jahren.

Solche Führungskräfte hatten ihre Zeit, ihr Stil war zwar nicht menschenfreundlich, aber dafür effizient. Sie haben ihre Unternehmen und damit die deutsche Wirtschaft an die Weltspitze geführt. Doch nun ist ihre Zeit vorüber.

In einer globalisierten, sich ständig wandelnden, von der Digitalisierung geprägten Welt führt der Weg, Menschen auf diese Art und Weise zu führen, ins Fiasko. Die Konkurrenz wird immer schärfer, der Wettbewerbsvorteil von heute ist schon morgen wieder dahin, die Ansprüche der Kunden steigen. Wer dann ganz schnell einen umweltfreundlichen Diesel auf den amerikanischen Markt bringen will, weil der Markt das dringend verlangt, läuft Gefahr, sein Unternehmen zu überfordern. Die Pläne der Generäle, die starren Hierarchien und die vielen Kontrollen machen den Konzern unflexibel. Wenn in einem Konzern Ingenieure unter einem Regime der Angst arbeiten, wagen sie keinen Widerspruch. Sie fangen stattdessen an zu tricksen.

Um es einmal auf die Spitze zu treiben: Meiner Überzeugung nach könnte der VW-Konzern von einer Person geführt werden, die wenig Ahnung von Autos hat. Dafür aber umso mehr von Menschen und der Art, wie Teams funktionieren. Ein moderner Leader muss sich in Menschen hineinversetzen können. Er muss die Mitarbeiter aktivieren, muss Leidenschaft und Begeisterung in ihnen wecken, muss sie einschwören auf ein gemeinsames Ziel. Zusätzlich muss er oder sie verstehen, wie junge Menschen ticken, die mit dem Internet, mit Whats-App, mit Twitter, mit Facebook aufgewachsen sind. Wieso? Weil sie die Mitarbeiter der Zukunft und auch die Kunden der Zukunft sind! Wer diese Generation versteht, kann auch zukunftsfähige Produkte und Dienstleistungen entwickeln.

Die VW-Krise erschütterte Deutschland inmitten der großen Flüchtlingskrise. Zwei verschiedene Phänomene, aber doch vergleichbar. Denn beide Krisen bedeuteten für das Land ein Rendezvous mit der Globalisierung und warfen die Frage auf, wie unsere Führungskräfte darauf reagieren sollten.

»Wir schaffen das«, sagte Kanzlerin Merkel und erntete heftige Kritik, weil sie keinen Masterplan vorlegte. Als könne ein Land einen Masterplan für die Bewältigung globaler Flüchtlingsströme haben. Daraus sprach die Sehnsucht nach der alten, übersichtlichen Zeit, nach einem General, der angeblich weiß, wo es langgeht. Merkel dagegen handelte nach Art eines modernen Anführers. Sie vertrat unerschütterlich die Vision eines freundlichen Deutschlands, handelte aber Schritt für Schritt, im Vertrauen auf das Engagement und die Empathie der Bürgerinnen und Bürger. Eine Lösung für das Flüchtlingsproblem wird das Land nur durch Dialog, Austausch und Miteinander finden.

Befehl und Gehorsam waren vorgestern. Die Zauberworte, die in die Zukunft weisen, heißen: Empathie und Kommunikation. Das gilt für das politische System genauso wie für die Wirtschaft.

Das wahre Potenzial, das in den Unternehmen steckt und wach geküsst werden muss, sind die Mitarbeiterinnen und Mitarbeiter.

Das wahre Potenzial sind: Sie!

Nur mit dieser dem Menschen zugewandten Philosophie kann man heutzutage tatsächlich *High Performance* erreichen. Weltmeister werden. Bundestrainer Joachim Löw hat es vorgemacht.

»Zeig der Welt, dass du besser als Messi bist!« Mit diesen Worten schickte er Mario Götze als Einwechselspieler ins WM-Finale 2014 gegen Argentinien.

Komprimiert und auf den Punkt gebracht lässt sich mit diesem Satz meine Vorstellung moderner Führung zusammenfassen: emotional und vertrauensvoll, stärkenorientiert und positiv, individuell und inspirierend.

Löw zeigte mit diesem einen Satz volles Vertrauen und *Empowerment.* Er stellte Mario Götze auf eine Stufe mit Messi und motivierte ihn über ein positives Zielbild.

Man nennt das: *Positive Leadership.*

Löw sagt eben nicht: »Geh rein und mach das verdammte Tor – du verdienst schließlich genug.« Das würde man Delegation mit klarer Anweisung nennen. Er vertraute auf die Stärke von Götze, im richtigen Moment seine Genialität zu entfalten. Er gab ihm Extra-Energie. So wachsen Menschen über sich hinaus.

»Ich baue auf dich, du bist der Beste.«

Wollen Sie nicht auch von Ihrem Chef genau so behandelt werden?

1. Von Menschenbildern in Unternehmen

Dem Phänomen der Führung begegnete ich schon früh im Leben. Als Sohn eines Dachdeckermeisters durfte oder musste ich ihn bei der Arbeit oft begleiten. Wir diskutierten darüber, wie er Mitarbeiter motivierte, und ich erlaubte mir anzumerken, ich hätte manchmal das Gefühl, seine Leute könnten mehr Einsatz zeigen und provozierte ihn mit der Behauptung, sie hätten genau drei Ziele am Tag: Brotzeit, Mittag, Feierabend und dazwischen machten sie Dienst nach Vorschrift.

Mein Vater fand das gar nicht lustig und erklärte mir, dass Dachdecken einer der härtesten Jobs der Welt sei. Die Mitarbeiter stehen bei plus 35 Grad und bei minus 10 Grad auf dem Dach. Sie sind Wind, Regen und Sturm ausgesetzt und dabei ständig in Gefahr, vom Dach zu stürzen. Unter diesen Bedingungen sei er froh, dass sie überhaupt zur Arbeit kommen. Und es gebe kaum Fluktuation und kaum Krankheitstage, das sei in anderen Betrieben ganz anders. Ich entschuldigte mich, aber ich merkte, dass sich mein Vater doch Gedanken machte.

Zwei Wochen später präsentierte er eine Idee: Bis dahin hatten vier Leute immer die eine Seite und dann die andere Seite des Daches gedeckt, nun teilte er die Mitarbeiter in zwei Zweier-Teams ein. Sie deckten gleichzeitig von beiden Seiten bis zum First um die Wette. Die Siegermannschaft erhielt dann von der Verlierermannschaft die Brotzeit für den nächsten Tag bezahlt.

Diese Idee kam bei den im Schnitt 30-jährigen Mitarbeitern blendend an. Die Motivation stieg, die Männer hatten Freude am Wettbewerb und wollten zeigen, wie gut sie sind. Obendrauf war das noch der erste selbstfinanzierte Bonus in unserem Unternehmen, was meinen Vater sehr freute. Schon als Kind hat er mir immer halb im Spaß, halb im Ernst erklärt: »Mein Geldbeutel hat's am liebsten dunkel.«

Mein Vater musste jedoch erfahren, dass jeder Wettbewerb auch seine Grenzen hat und es immer wieder Anpassungen im System braucht. Nach einiger Zeit stellte sich heraus, dass immer die gleichen Teams das Wettdecken gewannen, darum führte mein Vater wechselnde Partnerschaften ein. Wer wirklich ein großer Dachdecker sei, der gewinne auch mit einem anderen Partner, so sein Argument. Es funktionierte erneut. Die Kollegen lernten voneinander und miteinander. Neben dem Wettbewerb (*Competition*) gab es nun auch Zusammenarbeit (*Cooperation*).

Mein Vater achtete darauf, dass er nicht immer nur beobachtete, sondern ab und an auch selbst mitmachte. Dann waren die Mitarbeiter doppelt motiviert. Er musste aber ebenfalls lernen, dass zu viel Wettbewerb schädlich sein kann. Viele Dachplatten wurden in der Eile gebrochen, die Sicherheit der Mitarbeiter war hin und wieder gefährdet. So musste mein Vater neben der Zeit noch andere Zielgrößen wie Qualität und Sicherheit einfließen lassen. Er hatte zudem ein gutes Gespür dafür, wann die Männer einfach keine Lust auf Wettbewerb hatten. Dann ließ er sie in Ruhe arbeiten.

In der Summe hat mein Vater dadurch die Motivation, die Leistung und das Miteinander in seinem Unternehmen gesteigert. Er war ein glaubwürdiger Anführer, er hatte Charakter. Wir sprechen von »*Idealized Influence*«.

Meine Mutter lebte im Betrieb das Miteinander vor. Sie lernte mit jedem einzelnen Lehrling für die Prüfung. Sie sorgte für den Zusammenhalt im Betrieb. »*Social Glue*«, sagt man dazu im Wirtschaftsjargon, wie ich später erfuhr. Es gab kaum jemanden, der diesen Betrieb verlassen wollte. Alle hatten das Gefühl, dass man sich um sie kümmerte, dass man sich wirklich für sie interessierte. Meine Mutter hatte Empathie.

Identifikationskraft und Empathie: Meine Mutter und mein Vater haben die Begriffe nicht gekannt, aber sie haben sie gelebt.

Über meinen ersten Tennistrainer, der trotz eines steifen Beines großartiges Tennis spielte und ein fantastischer Lehrer war, habe ich in der Schule eine Facharbeit geschrieben – weil ich es so unglaublich faszinierend fand, wie der Mann seine Spieler in seinen Bann schlug, und sie zu Höchstleistung trieb.

Und später faszinierten mich die unterschiedlichen Typen von Fußballtrainern. Wie konnte es sein, dass ein Trainer mit den besten Spielern keinen Blumentopf gewann, und der andere Trainer mit einer Ansammlung von Durchschnittskickern einen Titel nach dem anderen einheimste?

Es ging immer wieder um Fragen der Menschenführung, des Miteinanders. Wie muss eine Mannschaft organisiert sein, um Erfolg zu haben? Das hat mich auch als Wirtschaftswissenschaftler am meisten beschäftigt. Wie funktionieren Teams, vor allem: Hochleistungsteams?

Und so kam es, dass ich schon früh begann, Unternehmen und deren handelnde Personen zu studieren und später auch zu beraten.

Ich bin kein Unternehmensberater, der sich um Kostenstrukturen und Produktionsabläufe kümmert. Ich versuche, Unternehmen und Managern dabei zu helfen, wie sie mit ihrem wertvollsten Kapital umgehen sollten. Mit den Menschen.

Um zu verstehen, was wir als Wissenschaftler untersuchen und den Unternehmen zu vermitteln versuchen, genügt es zunächst einmal, zwei Arten der Führung zu unterscheiden.

Da gibt es erstens die »transaktionale Führung«. Sie funktioniert nach dem Motto: »Ich, Chef, gebe dir Geld; dafür tust du, Mitarbeiterin oder Mitarbeiter, was ich von dir verlange. Und wenn du nicht tust, was ich sage, werde ich dich bestrafen. Ansonsten lasse ich dich in Ruhe.« Ganz verkürzt: Transaktion – Austausch – Geld gegen Leistung.

Und da wäre zweitens die »transformationale Führung«. Sie stellt den Menschen in den Fokus, sie funktioniert nach dem Motto: »Wir arbeiten für ein gemeinsames Ziel, mehr noch, wir brennen für dieses Ziel, wir leben dafür, Tag für Tag. Und ich, Chef, werde alles dafür tun, dass du, Mitarbeiterin oder Mitarbeiter, dich mit deinen Leidenschaften und Stärken einbringen kannst. Ich helfe dir, im Einklang mit den Zielen und Visionen des Unternehmens zu wachsen.« Transformationale Leader helfen den Menschen, besser zu werden. Transformation bedeutet: das Individuum und das Unternehmen zu entwickeln, sich zu transformieren auf eine höhere Ebene.

Idealized Influence und Empathie – siehe oben – spielen dabei eine ganz wesentliche Rolle. Meine Eltern haben die transformationale Art der Führung praktiziert, mein Tennistrainer und manche meiner Fußballtrainer auch.

Die transaktionale Art der Führung muss nun keinesfalls ganz aus den Unternehmen verschwinden.

Dazu ein extremes Beispiel aus der Corporate-Welt: Wer ein Kernkraftwerk leitet, muss die Belegschaft nicht täglich zum wilden Brainstorming ermuntern. Hier kommt es vor allem auf Struktur und Verlässlichkeit an. Aber selbst in einem Kernkraftwerk kann es hilfreich, ja überlebenswichtig sein, wenn die Mitarbeiter nicht nur festgelegten Regeln folgen, sondern manchmal diese Regeln hinterfragen. »Sind wir hier wirklich auf dem richtigen Weg, Chef? Kann es sein, dass wir etwas übersehen?«

Meiner Überzeugung nach müssen Anführer im Umgang mit ihrem Team so transaktional wie nötig, so transformational wie nur irgend möglich handeln.

Das wird durchaus anstrengend für alle Seiten, denn man muss sich aufeinander einlassen. Was erwartet die Mitarbeiterin von einem Chef, was erwartet die Chefin von einem Mitarbeiter?

Was erwarten wir voneinander?

Angestellte – nur Zitronen?

Wer Menschen führen will, muss Menschen verstehen, muss erkennen, wie sie ticken. Solche Menschenbilder sind ein weites Feld der Philosophie, aber um die Sache zu vereinfachen, empfehlen wir Unternehmen: Teilen Sie die Mitarbeiterinnen und Mitarbeiter in vier Kategorien ein, wohl wissend, dass das zu kurz gesprungen ist.

Ich höre schon den Einwand: »Was ist das für ein Menschenbild? Jeder Mensch ist anders, deshalb nennt man ihn ja auch

Individuum. Es gibt die Lauten und die Leisen, die Schönen und die Hässlichen, die Großen und die Kleinen, die Ehrlichen und die Verlogenen, die Faulen und die Fleißigen, die Armen und die Reichen, die Klugen und die Dummen, die Fröhlichen und die Traurigen, die Einzelgänger und die Herdentiere, die Reizbaren und die Geduldigen. Unendlich viele Typen mehr und unendlich viele Abstufungen dazwischen. Jede Frau und jeder Mann verdient es, für sich betrachtet zu werden.«

Sie haben recht, und doch: Wer für Menschen und für Teams verantwortlich ist, dem kann diese Vereinfachung auf vier Kategorien wertvolle Hinweise für Fragen der Führung und des Teambuildings geben.

Wir zeichnen, jedes Mal wenn wir ein Unternehmen in der Personalentwicklung beraten, ein Diagramm. Auf der y-Achse bilden wir die Leistung (»*Results*«) ab. Auf der x-Achse bewerten wir, wie wertvoll die Mitarbeiterin oder der Mitarbeiter als Mensch für das Unternehmen ist, in welcher Weise sie also die Werte (»*Values*«) des Unternehmens respektive des Teams, in dem sie arbeiten, vertreten.

Wir beschränken uns auf ein Kontinuum mit jeweils zwei Abstufungen: hohe Leistung, wenig Leistung; hohe Wertekongruenz, wenig Wertekongruenz.

Es gibt Teammitglieder, die keine Leistung bringen und nur schlechte Stimmung verbreiten. Sie befinden sich links unten in unserem Diagramm. Wir wollen sie »*Lemons*« nennen, Zitronen. Es handelt sich meist um Mitarbeiter, von denen die Führungskräfte sagen: »Die hat mir die Personalabteilung eingebrockt, oder der Vorgänger.«

Links oben im Diagramm ordnen wir Mitarbeiter ein, die zwar ihre Leistung bringen, die aber schwierig im Umgang sind. Wir nennen sie auch die einsamen Wölfe oder akademisch korrekt soziale Tretminen – denn wenn man auf sie trifft, explodieren sie meist. Sie wissen alles besser, hören nur selten zu und leben nach dem Motto: »Ich unter der besonderen Berücksichtigung von mir.«

Im Diagramm tummeln sich dann rechts unten, also mit viel Wertekongruenz aber wenig Resultaten, auch die lustigen, die fröhlichen, die stets beliebten Leute. Sie verbreiten gute Stimmung, man ist gern mit ihnen zusammen. Aber leider: Sie sind ein wenig langsam von Begriff, brauchen immer eine zweite und manchmal eine dritte Erklärung. Wir nennen sie »*Happy Bears*«, glückliche Bären. Immer positiv, immer gut drauf, gern gesehen im Team, nur die Leistung ist schwach bis mittelmäßig.

Dann gibt es natürlich noch die »*Stars*«. Sie sind in unserem Diagramm rechts oben eingeordnet. Unglaublich beliebt, unglaublich kooperativ. Unglaublich, was sie leisten.

Wer nur solche Leute hätte, der hätte ein wirkliches High-Performance-Team.

Diese Matrix ist keine neue Idee. Jack Welch, in den Jahren von 1981 bis 2001 Vorstandsvorsitzender bei General Electric, hat sie entwickelt. Aber immer noch sind Manager begeistert, wenn wir ihnen die Matrix vorlegen. Endlich haben sie ein Raster, um ihre Mitarbeiterinnen und Mitarbeiter zu bewerten und die Gruppendynamik in einem Team besser zu verstehen.

Und mal ganz ehrlich, ist es nicht sogar für einen Angestellten wirklich verlockend, die anderen Kolleginnen und Kollegen einzusortieren?

Kollege X, dumm und faul und unzugänglich, die »Zitrone«, sollte man den nicht längst rausschmeißen? Und Kollegin Y,

Frau »*Happy Bear*«, die stets Kaffee kocht, Kuchen mitbringt, immer wieder die Kolleginnen und Kollegen fragt, wie das werte Befinden ist und wie die Kinder sich in der Schule schlagen, die gut ist für das Miteinander, den Kollegen hilft, wenn sie Deadlines haben, die den *Social Glue*, also den Klebstoff in einem Team stärkt – tut sie das nur, um davon abzulenken, dass sie zu langsam ist, mit der neuen Software umzugehen, und dass sie ständig Fehler macht, die wir anderen ausbügeln müssen?

Es ist jedenfalls ein verführerisches System, und es gerät immer wieder in Misskredit. Ende des Jahres 2013 wurde bekannt, dass die damalige Yahoo-Chefin Marissa Mayer ihre Manager zwingt, die Angestellten nach einem ähnlichen System zu bewerten, mit fünf Kategorien und jeweils festen Quoten für jede Kategorie.

So wurden zehn Prozent der Belegschaft den »*Greatly Exceeds*« zugeteilt, 25 Prozent den »*Exceeds*«, 50 Prozent den »*Achieves*«, zehn Prozent den »*Occasionally Misses*« und fünf Prozent den »*Misses*«. Die Superherausragenden, die Herausragenden, die Leistungserfüller, die gelegentlichen Flops, schließlich die Flops. Und aufgrund der starren Quoten scheint klar zu sein: Das ist ein System, um Leute rauszuschmeißen. Denn das Management ist gezwungen, in jedem Fall fünf Prozent der Leute als Flops zu definieren. Man spricht von »*Forced Rankings*«, erzwungenen Ranglisten.

Warum es solche Rankings gibt? Sie werden damit begründet, dass kein Abteilungsleiter aus purer Menschenfreundlichkeit selbst das mieseste Team noch zu einer Ansammlung von Superstars hochjazzen soll. Aber es führt kein Weg daran vorbei:

Selbst wenn der Abteilungsleiter tatsächlich eine Ansammlung von nichts als Superstars führt, ist er durch das System gezwungen, manche seiner Leute zum Abschuss freizugeben.

Lernt die Wirtschaft also niemals dazu? Verfährt die New Economy nach denselben brutalen Regeln wie die Old Economy? Und am Ende werden die »*Lemons*« rausgeschmissen? Das ist nicht mein Ziel und nicht mein Thema. Aber an den Fakten kommt niemand vorbei. Das amerikanische Meinungs- und Personalforschungsinstitut Gallup versucht, mit seinem Global Engagement Index die Haltung von Beschäftigten zu ihrem Arbeitgeber in Zahlen zu fassen. Die Ergebnisse sind seit Jahren stabil: Etwas mehr als zehn Prozent sind »*actively engaged*«, bringen sich also aus eigenem Antrieb ein. Zwei Drittel sind »*engaged*«, versehen also Dienst nach Vorschrift. Und fast ein Viertel sind »*actively disengaged*«.

Das ist eine ziemlich frappierende Zahl: Fast ein Viertel aller Beschäftigten würde demnach mehr oder weniger offen das Team behindern. Die Zahlen für Deutschland lauten: 15 Prozent wollen das Team voranbringen, 70 Prozent versehen Dienst nach Vorschrift und immerhin noch 15 Prozent streuen Tag für Tag Sand ins Getriebe des Unternehmens.

Meine Frage ist nun: Könnte es sein, dass es an den Managerinnen und Managern liegt, wenn so viele Menschen nicht alles tun, um in ihrem Job das Beste zu erreichen? Schließlich ergreifen nur die allerwenigsten Menschen einen Beruf, um lediglich Geld zu verdienen. Die allermeisten verfolgen am Anfang ihres Berufswegs Ziele, Hoffnungen, Träume.

Deshalb wendet sich mein Blick, sobald in einem Unternehmen Zitronen, glückliche Bären, einsame Wölfe und Stars identifiziert sind, zu der Person, die diese Einteilung vorgenommen hat.

Wie gehst du, Managerin und Manager, mit diesen Leuten um? Was ist dein Plan, um aus glücklichen Bären und einsamen Wölfen, vielleicht sogar der einen oder anderen Zitrone einen Star zu machen? Wenn Manager wissen wollen, wie man mit der *Lemon*-Matrix nach meiner Erfahrung richtig umgeht, dann empfehle ich ihnen Folgendes: Denken Sie doch einmal nach, ob Ihnen Resultate oder Werte wichtiger sind! Wo setzen Sie Ihre Priorität? Im Zweifelsfall empfehle ich, auf Werte zu setzen. So hat das im Übrigen auch Bundestrainer Joachim Löw gehalten. Bewusst oder unbewusst haben Jürgen Klinsmann und Joachim Löw diese Resultate-Werte-Matrix auch bei der Auswahl ihrer Spieler für die Nationalmannschaft beachtet. Sie haben nicht nur auf Leistung, sondern mindestens ebenso stark auf Verhalten und Werte der Spieler geachtet.

Ich empfehle darum jeder Führungskraft: Haben Sie mehr Geduld mit den *Happy Bears* als mit den einsamen Wölfen bzw. sozialen Tretminen. Sie können Menschen nämlich auf Basis guter Werte entwickeln. Über Coaching, Schulungen und Feedback kann man *Happy Bears* sehr viel einfacher zu *Stars* entwickeln, als das mit einsame Wölfen möglich wäre. Bei den einsamen Wölfen stimmt nämlich etwas mit ihren Werten nicht – sie passen nicht richtig ins Team und das für eine Führungskraft zu entwickeln, ist weitaus schwieriger. Was die Eltern verpasst haben, kann man als Führungskraft nur schwer nachholen. Nun werden Sie vielleicht argumentieren: »Aber die soziale Tretmine liefert wenigstens Ergebnisse.« Das stimmt, allerdings übersieht man dabei, dass sie durch ihr Verhalten oft die Leistung anderer im Team reduziert, weil diese sich durch ihn oder sie demotiviert fühlen. Die Frage, die man sich als Führungskraft deshalb immer stellen sollte, lautet: Ist man trotz oder wegen der sozialen Tretmine so erfolgreich?

Ich habe sehr oft erlebt, dass Teams über sich hinauswachsen, wenn der Chef, die Chefin den Mut hatte, einen einsamen Wolf aus dem Team zu nehmen. Plötzlich wachsen die vermeintlichen *Happy Bears* über sich hinaus und sind wie entfesselt.

Gleiches können wir auch in der Fußballnationalmannschaft beobachten. So entwickelten sich Spieler wie Bastian Schweinsteiger, Thomas Müller und Manuel Neuer in einem wertebasierten Umfeld zu großen Stars. Werte in einem Team zu verankern, das ist die große Aufgabe von Anführern. Nur dann kann auch die Leistung stimmen.

Manager – nur Pflaumen?

Es gibt jede Menge Untersuchungen, jede Menge Literatur über das Versagen des modernen Managements. So manche Autoren behaupten, dass die Hälfte aller Managerinnen und Manager fehl am Platz sind. Man muss solche Zahlen nicht ernst nehmen, aber Unternehmern ist bewusst, dass die Pflaumen in ihren Chefetagen sie viel Geld kosten.

Die Gründe, die dafür genannt werden, sind vielfältig. Manche Manager haben keine Ahnung vom Geschäft und keinen strategischen Weitblick. Andere können mit dem Risiko weitreichender Entscheidungen nicht umgehen – entweder spielen sie va banque mit dem Unternehmen oder sie haben nicht den Mumm, in schwierigen Momenten zu ihren Überzeugungen zu stehen. Wieder andere sind im Laufe der Jahre im einsamen Chefbüro arrogant geworden. Sie hören nicht mehr auf Rat, verschlafen Entwicklungen.

Im Wesentlichen lassen sich wohl zwei Gruppen von versagenden Managern unterscheiden: die eine mit fachlichen Schwächen, die andere mit menschlichen Schwächen.

Ich bin – entgegen manchem Vorurteil – überzeugt davon, dass in unseren Chefbüros weder massenhaft Ahnungslose noch massenhaft Psychopathen sitzen. In der Regel ist das Hauptproblem: Manager haben zu viel Ahnung vom Geschäft. Und zu wenig Ahnung von den Menschen, die sie führen sollen.

In unseren Unternehmen hat sich über die Jahrzehnte ein System etabliert, welches dafür sorgt, dass primär Expertise und Kompetenz befördert wird. Der beste Ingenieur wird Oberingenieur, der beste Arzt wird Oberarzt, der beste Assistent wird Oberassistent, der beste Arbeiter wird Vorarbeiter.

Das ist zu einem gewissen Grad gut so, Kompetenz und Expertise sollen belohnt werden. Viel zu selten wird aber systematisch darauf geachtet: Kann diese Person Menschen führen und vor allem, will sie das auch? So lange die Welt stabil ist und die Geschäftsmodelle sich nur graduell entwickeln, wie das mehrheitlich in den 1970er-, 1980er-, 1990er- und teilweise noch den 2000er-Jahren der Fall war, ist es gut genug, wenn man eine Abteilung, einen Bereich oder sogar ein Unternehmen mehrheitlich über Kompetenz und Inhalte führt. Das *Operating Model* hat sich über Jahre etabliert, und es braucht keine radikalen Innovationen, darum kann ein Manager das Unternehmen auch primär über Expertise lenken.

Heute sehen sich Unternehmen aber in einem disruptiven Umfeld – die digitale Transformation erfordert von allen Organisationen ein Überdenken der bestehenden Geschäftsmodelle und Innovationen in allen Bereichen. In so einem Umfeld braucht es Führungskräfte, die neben ihrer Sachkenntnis die Menschen verstehen und motivieren können. Denn nur gemeinsam kann man diese große Transformation schaffen.

Darum muss ein Manager heute auch und vor allem das *Leading, Engaging* und *Enabling* anderer beherrschen. Um das jedoch wirklich gut zu können, muss man Menschen mögen. Es gilt die sogenannte 4-M-Regel: *Man muss Menschen mögen*. Aber mögen Sie Menschen wirklich? Oder sind Sie nur daran interessiert, mehr Macht, mehr Einkommen und mehr Ansehen über eine hierarchisch höhere Position zu erhalten?

Meiner Erfahrung nach stellen sich Organisationen und Manager solche Fragen viel zu selten, bevor sie die nächste Hierarchiestufe vergeben beziehungsweise erklimmen. Ich plädiere darum dafür, dass man viel mehr wirkliche Fachkarrieren aufbauen sollte. Wenn ein Manager sich inhaltlich und sachlich in einem Unternehmen einbringen und eben nicht unbedingt Menschen führen und Verantwortung für diese übernehmen will, sollte dafür ein ähnlich attraktiver Karrierepfad möglich sein.

Ferner sollte sich jede Führungskraft bewusst sein: Je höher man in der Hierarchie steigt, umso größer sollte der Part des *Leading, Engaging* und *Enabling* sein, und umso weniger sollte man inhaltlich führen. Es ist in unserer Wissenswelt gar nicht mehr möglich, dass ein Vorstandsvorsitzender nach 20 Jahren Berufsleben noch immer fachlich auf der Höhe der Zeit ist. Die Technologien, Inhalte und Erkenntnisse haben sich so rasant weiterentwickelt, dass der CEO im besten Fall in vielen Bereichen nur noch eine Mitsprachekompetenz haben kann. Es ist darum für die Organisation und für den Topmanager selbst am ratsamsten, jungen kompetenten Menschen Verantwortung zu übergeben, sie zu unterstützen, ihren Job noch besser im Interesse der Organisationsziele zu machen. Auf diese Art und Weise sorgen Topmanager dafür, dass das Unternehmen zukunftsfähig bleibt. Führen heißt einer Sache dienen, nicht sich selbst oder seinem Ego. Oder nach Tom Peters, dem bekannten amerikanischen Unternehmensberater: »*Leaders create leaders, not followers.*«

Das wird in vielen Unternehmen leider völlig anders praktiziert. Man erzeugt nur Gefolgschaft und denkt, man ist umso besser als Führungskraft, je mehr Mitarbeiter man unter sich hat und je widerspruchsloser die Mitarbeiter Dinge entgegennehmen und kuschen. Das ist leider ein großes Missverständnis und ein Grund, warum Unternehmen scheitern, wenn sich im Umfeld etwas radikal ändert und man plötzlich auf allen Ebenen des Unternehmens Mitarbeiter braucht, die mitdenken und sich einbringen, um komplexe Probleme wie beispielsweise eine neue Abgasverordnung oder die verheerende Wirkung toxischer Bankprodukte in den Griff zu bekommen.

Also frage ich immer wieder: Wissen Sie, Managerin oder Manager, eigentlich, für welche »*Values*«, für welche Werte also, Ihr Unternehmen steht? Können Sie die drei wichtigsten benennen? Warum gibt es das Unternehmen überhaupt? Wofür steht es, und welche Visionen und Träume verfolgt es?

Und um noch ein wenig persönlicher zu werden: Nennen Sie doch bitte drei Werte, für die Sie selbst stehen. Wollen Sie möglichst viel Geld verdienen in Ihrem Job, oder ist da noch mehr? Was ist der Grund, warum die Mitarbeiterinnen und Mitarbeiter Sie als Führungsfigur anerkennen sollten?

Die entscheidende Frage, die sich die Managerin, der Manager stellen muss: »Warum sollte sich irgendjemand von mir führen lassen?«

Und wenn Sie selbst es zu wissen glauben, Manager: Sind Sie sicher, dass die Mitarbeiter auch wissen, für welche Werte Ihr Unternehmen steht oder für welche Werte Sie stehen? Sind Sie fähig, Ihren Leuten diese Werte vorzuleben und zu vermitteln? Beschäftigen Sie sich überhaupt mit Ihren Mitarbeiterinnen und Mitarbeitern, kennen Sie deren Schwächen und Stärken, deren Visionen und deren Albträume?

Worum geht es mir dabei am Ende? Wofür stehe ich?

Die Antwort ist einfach: Ich will Unternehmen und deren Mitarbeitern dabei helfen, humaner, emotionaler und sinnorientierter miteinander zu arbeiten.

Vielleicht sagen Sie nun: »Ach, diese Menschenfreunde kennen wir schon … am Ende werden doch bloß wieder Leute entlassen.«

Aber Tatsache ist: Unternehmen müssen gar nicht humaner, emotionaler, sinnorientierter werden, weil das gut ist in einem ethischen, moralischen Sinn. Das schon auch, aber hinzu kommt noch: Unternehmen müssen schon deshalb humaner, emotionaler, sinnorientierter werden, weil sie andernfalls nicht überleben werden. Aus Eigennutz also.

Die Wirtschaft ist in einem ständigen Wandel begriffen. Es gibt immer weniger Möglichkeiten, sich von den Konkurrenten abzusetzen. Deshalb können sich die Unternehmen immer weniger leisten, das Potenzial zu vernachlässigen, das in ihren Mitarbeitern steckt. Sie brauchen deren

Bereitschaft, den ständigen Wandel zu akzeptieren und voranzutreiben.

Um bei der Matrix von Jack Welch zu bleiben: Es genügt heutzutage nicht mehr, die Stars zu feiern, die Zitronen auszusortieren, die Bären und die Wölfe mit einem System von Belohnung und Bestrafung erziehen zu wollen. Der Manager muss versuchen, jeder und jedem Einzelnen gerecht zu werden, muss herausfinden, wo die Stärken und Schwächen des Einzelnen liegen, wo er dem Unternehmen am besten nutzt. Er muss Leidenschaft und Teamgeist wecken, sodass jeder Einzelne und alle zusammen mehr leisten können.

Um eine Analogie aus dem Sport zu gebrauchen: Die Mitarbeiterinnen und Mitarbeiter sollen am Ende zu Fans des Unternehmens werden.

Transformationale Anführer wollen die Bedürfnisse, Motive und Ziele der Geführten zum Wohl der ganzen Unternehmung nutzen. An die Stelle kurzfristiger, egoistischer Anliegen sollen langfristige, übergeordnete Werte und Ideale treten. Transformationale Führungskräfte zielen auf die emotionale Beteiligung ihrer Mitarbeiter, um Identifikation, Leidenschaft und Vertrauen in sie und ihre Mission zu fördern. Angesprochen wird die Eigenmotivation des Mitarbeiters nach dem Motto: »Du hast diesen Job mit bestimmten Zielen, ja vermutlich sogar Träumen ergriffen. Nun erhältst du die Gelegenheit, diesen Traum zu leben.«

Und wenn die Leistung nicht stimmt, wird am Ende der einfache Mitarbeiter doch gefeuert?

Einfache Antwort: Manchmal wird man sich trennen. Weil es manchmal nach einem langen Ringen für alle Beteiligten das Beste ist. Das ist ebenso Teil einer transformationalen, auf Hochleistung ausgerichteten Führung. Es wäre nämlich unsozial denen gegenüber, die an Werten orientiert ihre Leistung bringen – die nämlich müssten die Übrigen mitschleppen.

Aber es kann genauso gut sein, dass der Manager seinen Job verliert, weil er nicht in der Lage ist, seine Mitarbeiter so zu führen, dass sie leisten, was sie leisten können. Es ist nämlich die Aufgabe einer Führungskraft, dafür zu sorgen, dass die Leistung des Teams, welches sie führt, größer wird. Er oder sie muss also dafür sorgen, dass das Ganze mehr wird als die Summe seiner Teile, denn sonst bräuchte es die Führungskraft ja nicht. Leider kenne ich aber viele Teams, die ohne Chef wohl bessere Leistungen bringen würden. Es geht darum, Synergien im Team aufzubauen, voneinander zu lernen und miteinander zu wachsen. Wer als Chef keine übersummative Intelligenz oder Leistung erzeugen kann, hat seinen Job nicht verstanden und sollte besser gehen.

2. Warum wir menschlicher wirtschaften müssen

Kann der Kapitalismus gut sein? Kann die Globalisierung gut sein? Kann die Marktwirtschaft gut sein? Können Unternehmen in einer kapitalistischen, globalisierten Marktwirtschaft gut sein im moralischen Sinn? Gut für die Mitarbeiter, gut für die Kunden, gut für die ganze Gesellschaft?

In der großen Finanzkrise 2007 und der folgenden Weltwirtschaftskrise haben sich alle Vorurteile bestätigt, die es insbesondere in Deutschland gegen die Wirtschaft gibt: Die Konzerne, vor allem die Banken, wollen Profit, Profit, Profit, auf Teufel komm raus. Und wenn sie sich verspekulieren, muss der Bürger dafür bluten: als Arbeitnehmer, indem er seinen Job verliert, und als Bürger, indem der Staat mit seinem Steuergeld den Konzernen aus der Patsche hilft.

Die Wirtschaft gilt vielen Bürgerinnen und Bürgern mehr denn je als ein der Gesellschaft feindlich gegenüberstehendes Imperium, das vom Staat deshalb möglichst streng reglementiert werden muss.

Hatte Karl Marx doch recht? Selbst Meinungsmacher, die früher sehr wirtschaftsfreundliche, manchmal neoliberale

Leitartikel schrieben, stimmen heute das Lied vom nahenden Untergang des Kapitalismus an.

Der Kapitalismus geht aber nicht unter. In den westlichen Ländern hat er angefangen, sich der Gesellschaft anzupassen. Ja, es gibt die Hoffnung auf eine Wirtschaft, die gut ist zu ihren Kunden und zu ihren Mitarbeitern. Die sich um die Menschen und ihre Werte kümmert. Und zwar nicht aus reiner Nächstenliebe, sondern aus schierer Notwendigkeit. Denn andernfalls wird die Wirtschaft, werden wir alle in den westlichen Ländern in ernste Schwierigkeiten geraten.

Die VUKA-Welt: Raus aus dem Hamsterrad!

Jeder kennt aus seinem Berufsleben das Gefühl, dass die moderne Welt ihn überfordert. Es gibt keine leichten Lösungen mehr, alles hängt mit allem zusammen, und die Anforderungen ändern sich schneller als je zuvor.

Ja, Sie haben damit recht. Veränderungen gab es schon immer, und auch die Erfindung der Dampfmaschine oder der Elektrizität haben große Verwerfungen und neue Möglichkeiten für die Menschen bedeutet. Wirtschaftsexperten bestätigen aber, dass es solch fundamentale und weitreichende Veränderungen noch nie in so kurzer Zeit wie heute gegeben hat. Während es noch 75 Jahre dauerte, bis 50 Millionen Menschen das Telefon nutzten, dauerte es für das Radio nur noch 38 Jahre. Das Internet erreichte innerhalb von vier Jahren 50 Millionen Nutzer, Twitter schaffte das in acht Monaten und Pokémon GO in 19 Tagen. Diese Beispiele von Kommunikationsmedien zeigen: Die Geschwindigkeit nimmt zu, das Schicksal von

Pokémon GO verdeutlicht: Vieles verschwindet genauso schnell, wie es gekommen ist. In diesem Zusammenhang spricht man von der sogenannten VUKA–Welt.

VUKA ist ein Kunstwort und steht für Volatilität, Unsicherheit, Komplexität und Ambivalenz. Diese Begriffe umschreiben am besten das Umfeld, in welchem wir heute leben und wirtschaften.

Volatilität. Denken Sie an die Währungs- und Preisschwankungen der letzten Monate und Jahre. Der Dollar verlor gegenüber dem Euro nach dem Amtsantritt Donald Trumps 2017 erheblich an Wert, das britische Pfund ging nach der Ankündigung des Brexit auf Sturzflug, der Schweizer Franken wurde über Nacht um rund 20 Prozent aufgewertet, als die Schweizer Notenbank überraschend die Anbindung an den Euro aufgab, der russische Rubel fiel um 50 Prozent innerhalb weniger Monate und auch andere Rohstoffpreise sind so fragil wie nie zuvor. Das sind große Schwankungen, die für Unternehmen täglich enorme Herausforderungen darstellen.

Unsicherheit. Hier könnte man eine endlose Liste an Beispielen aufführen, aber denken Sie nur einmal an den Brexit, die Wahlen in Amerika, die Terrorattacken oder die Flüchtlingsproblematik. Das sind enorme Unsicherheiten, welche nicht nur unsere Wirtschaft, sondern unsere gesamte Gesellschaft beeinflussen.

Komplexität. Darauf werden wir noch ausführlich zu sprechen kommen, erst einmal zur Begriffsklärung: Eine Uhr ist kompliziert, denn sie hat verschiedene Teile, die auf verschiedenen Ebenen miteinander verbunden sind. Komplex wäre sie, wenn sich die einzelnen Teile im Zeitablauf auch immer wieder neu zusammensetzen. So wie sich heute die Verbindungen und gegenseitigen Abhängigkeiten zwischen Staaten und Unternehmen mehr als je zuvor immer wieder neu konstituieren.

Ambivalenz. Das Wort bezeichnet einen Zustand der Zweideutigkeit und Zerrissenheit. Ein schönes Beispiel hierzu hat mir einmal ein BMW-Händler erzählt. »Früher«, so sagte er, »konnte ich mit einer 80-prozentigen Wahrscheinlichkeit nach einem ersten Beratungsgespräch vorhersagen, ob und welches Modell der Kunde am Ende bei uns kaufen wird.« »Heute«, so sagte er mir, »ist das kaum mehr möglich.« Die Kunden haben eine fast unendliche Vielzahl an Optionen und werden darüber hinaus von widersprüchlichen Strömungen in ihrem Kaufverhalten beeinflusst. Sie wollen ökologisch handeln, erwägen also Carsharing oder E-Mobilität, hängen aber immer noch an klassischen Modellen – und auch die Sehnsucht nach möglichst vielen Pferdestärken unter der Haube ist noch lange nicht tot. Kundenbedürfnisse werden für Unternehmen immer schwieriger einzuschätzen, und der Kunde von heute ist möglicherweise schon morgen der Kunde der Konkurrenz.

Ein weiteres Beispiel für Ambivalenz ist sicherlich auch das Phänomen der »*Fake News*«. Wenn einem Politiker, einer Person der Öffentlichkeit oder auch Privatpersonen gewisse Nachrichten oder Darstellungen nicht gefallen, bezeichnen sie diese heutzutage kurzerhand als *Fake News*, Falschnachrichten, und produzieren über Tweets, Blogs oder Internetpublikationen ihre eigene Wirklichkeit. So wird es immer schwieriger zu erkennen, was Wirklichkeit und was Konstruktion ist.

VUKA: Das ist die Folge von Globalisierung und Internet. Gemäß einer Studie der Unternehmensberatung KPMG sind 70 Prozent der Managerinnen und Manager der Meinung, dass die steigende Komplexität der Businesswelt eine der größten Herausforderungen unserer Zeit ist. Sogar 94 Prozent der Befragten sind der Meinung, dass die erfolgreiche Handhabung der Komplexität entscheidend für die künftige Entwicklung des Unternehmens sein wird.

Aber wie reagieren die Manager auf VUKA? Viele lassen ihre Leute einfach noch schneller und noch härter arbeiten, schrauben die Anforderungen immer weiter nach oben.

Werfen wir einen Blick auf die Bankenwelt, die offenbar keinen Weg findet aus dem zwanghaften Vergleichen und Erstellen von Rankings: Der Mitarbeiter muss immer mehr Assets, Bonds, Aktien verkaufen. Und jede Abteilung wird geführt, indem man ihr feste Ziele vorschreibt und ein festes Budget zur Verfügung stellt.

Feste Ziele, festes Budget. Und wenn das Unternehmen in die Krise gerät, reagiert man mit höheren Zielen und einem geringeren Budget.

Sie meinen, solches Vorgehen sei vernünftig und gebe jedem Einzelnen Sicherheit? Oft ist im Endeffekt genau das Gegenteil der Fall. Die Unternehmen betrügen sich selbst.

Zur Erklärung können zwei englische Begriffe dienen: *High Balling* und *Low Balling*.

High Balling: Der Abteilungsleiter bittet die Lieferanten kurz vor Jahresschluss noch um Rechnungen, um die Ausgaben im laufenden Jahr nach oben zu treiben. Schließlich will er ja bei den anstehenden Verhandlungen mit dem Chef gut begründen können, warum man im folgenden Jahr ein höheres Budget braucht.

Low Balling: Dies geht genau in die andere Richtung, wenn es nämlich um die Vereinbarung der Jahresziele geht. Mitarbeiter kennen diesen Aushandlungsprozess seit vielen Jahren und versuchen, die Erwartungen des Managements möglichst tief zu halten. Man weiß, man könnte beispielsweise 1 Million Euro Umsatz liefern, versucht aber mit einem Jahresziel von 800 000 Euro aus den Verhandlungen zu gehen. Jeder weiß nämlich, befördert wird nämlich nicht der- oder diejenige, der oder die 1 Million verspricht und dann 950 000 Euro liefert, sondern der Mitarbeiter, der 800 000 verspricht und 950 000 Euro am Ende meldet. Das ist das Problem von strikten Ziel- und Budgetprozessen. Die Mitarbeiter rufen nicht mehr ihre wahren Potenziale ab. Vielmehr entstehen politische Diskussionen und Taktieren; die im Unternehmen schlummernden Möglichkeiten werden aber nicht gehoben.

Es ist leicht zu erkennen, was passiert, wenn ein Unternehmen in der VUKA-Welt von heute eine Krise durch geringere Budgets und höhere Zielvorgaben zu bewältigen versucht: Es wird vielleicht kurzfristig bessere Zahlen erreichen, aber die strukturellen Probleme löst man damit mit Sicherheit nicht.

Die deutsche Wirtschaft ist höchst erfolgreich, die Wirtschaftsführer nehmen für sich in Anspruch, zur Speerspitze der Gesellschaft zu zählen. Wirft man allerdings einen Blick hinter die Kulissen, ist es manchmal bizarr, wie unvernünftig unsere Manager wirtschaften – und dabei hat es den Anschein, sie würden vernünftig handeln.

Aber ist es vernünftig, wenn zum Beispiel der Vertrieb streng nach Umsatz beurteilt und bezahlt wird? Die Vertriebsmenschen werden bis ans Äußerste gehen, um Aufträge an Land zu ziehen, auch wenn absehbar ist, dass der eine oder andere Auftrag nicht rentabel sein wird.

Oder ist es vernünftig, wenn in einem Unternehmen die Einkäufer von ihren Chefs dazu verpflichtet werden, einen bestimmten Prozentsatz von Teilen für die Produktion aus den

Billiglohnländern einzukaufen? Die Einkäufer werden der Anordnung Folge leisten, auch wenn sie wissen, dass es vernünftiger wäre, die Teile in Deutschland einzukaufen, weil ihnen nämlich der Hersteller vertraut ist, weil er verlässlicher ist und letztlich oft weniger Sach- und Wartungskosten anfallen würden.

Die Folge solcher Strategien ist: Jede Mitarbeiterin und jeder Mitarbeiter schaut auf seine Zahlen, seinen Bereich, seine Prämie. Mit dem Ergebnis, dass jeder Mitarbeiter und jede Abteilung sich und die jeweiligen Ziele optimiert. Darüber hinausgehend gibt es wenig bereichsübergreifende Zusammenarbeit. Es entstehen ausgeprägte Silos und kein *Teamspirit*.

Auch die Wirtschaftswissenschaftler und Professoren haben einen Anteil an diesem Dilemma. Schon seit den 1960er-Jahren wird an den Universitäten das sogenannte MbO – *Management by Objectives* – gelehrt, Management durch das Setzen von Zielen. Tausende von Betriebswirtschaftsstudenten haben dieses Modell gelernt und perfektioniert. Heute sind diese Studenten von damals häufig im Topmanagement der Konzerne angekommen und praktizieren das Modell fleißig weiter. Das Problem ist jedoch: Unsere Wirtschaft ist nicht mehr so stabil wie in den 1980er- und 1990er-Jahren. Nein, die Welt ist nicht mehr so leicht planbar. Wir brauchen daher neue Führungsmodelle und Manager, die bereit sind, umzudenken. In so einem Umfeld müssen wir es schaffen, Mitarbeiter zum aktiven Mitdenken zu führen, denn die Chefs allein können die Zukunft in solch einem disruptiven Umfeld nicht gestalten. Mehr denn je braucht es daher in den Organisationen intrinsische Motivation und Schwarmintelligenz, um die Herausforderungen gemeinsam zu meistern. Managementmodelle wie MbO oder *Budgeting* sind dabei nur begrenzt hilfreich.

Solche Modelle führen häufig dazu, dass die Menschen im Unternehmen nur noch über Ziele reden – und nicht mehr darüber, was das Unternehmen eigentlich aus sich herausholen könnte, wenn man sich von Zahlen lösen und stattdessen fragen würde: Was ist eigentlich der Zweck *(Purpose)* unseres Daseins? Was bringen wir der Gesellschaft oder dem Kunden? Oder um was wäre die Welt ärmer, wenn es uns nicht gäbe? Das sind existenzielle Fragen, die sich ein Gründer zum Start seines Unternehmens in der Regel stellt. Etablierte Unternehmen, welche Tausende von Mitarbeitenden und eine jahrzehntelange Historie vorzuweisen haben, stellen sich solche Fragen selten. Vielfach ist man vom Gestalten zum Verwalten übergegangen. Man arbeitet Pläne und Vorgaben ab, und vergisst dabei, was einen einmal groß gemacht hat und was Menschen wirklich motiviert: etwas von ihren Talenten geben zu können, was anderen Menschen hilft. Wer das Leben eines anderen nicht besser macht, verschwendet seine Zeit auf diesem Planeten. Das ist *Purpose* und das ist ein Antrieb in uns allen. Manager und Organisationen sollten diese Kraft nutzen.

Alle fühlen, dass da irgendetwas schiefläuft im Unternehmen, aber sich beim Chef oder gar beim Chef des Chefs beschweren? Lieber nicht. Selbst wenn der Chef zuhören sollte, wird der Verbesserungsvorschlag sowieso im Papierkorb landen, weil wir in unseren Management-Modellen aus einer stabilen Zeit gefangen sind.

Lieber Klappe halten, Anordnungen abarbeiten. Und im Zweifelsfall eben auch einmal tricksen.

Das ist das Führungsprinzip, das gerade in einem disruptiven Umfeld an seine Grenzen kommt. Der Dieselskandal und die Finanzkrise sind aktuelle Beispiele hierfür. Kontrolle und

Bestrafung von Mitarbeitern, die den Plan nicht erfüllen. Die Leute haben häufig Angst, wirkliche Probleme zu diskutieren, und deshalb gaukeln sie Lösungen vor.

Das große Schweigen der Mitarbeiter: Die einen verstummen unbewusst, weil sie eine Führungskultur verinnerlicht haben, die ihnen nahelegt, dass es nur Nachteile bringt, den Mund aufzumachen. Also lieber wegducken. Die anderen schweigen ganz bewusst, weil sie Ärger vermeiden wollen.

Das Mitarbeiterschweigen raubt dem Unternehmen viel Energie und kann es sogar in seiner Existenz gefährden, weil die Führungskräfte keine Rückkopplung mehr erhalten.

Die Mitarbeiter wiederum werden unter diesem Druck – einerseits immer weiter steigende Anforderungen, andererseits ein Klima der Angst – auf lange Sicht unglücklich, vielleicht sogar krank. Sie laufen immer schneller im Hamsterrad. In der Psychologie würde man von einer Neurose sprechen: Sie tun immer mehr vom Immergleichen, ohne dass sie dadurch dem Ziel näherkommen würden. Wir nennen das auch die »erlernte Hilflosigkeit«.

Dabei hat schon Charles Darwin in seiner Evolutionstheorie sinngemäß festgestellt, dass nicht der Stärkste und auch nicht der Intelligenteste überlebt. Überleben wird, wer sich frühzeitig an das sich ändernde Umfeld anpassen kann.

Wie passt man sich nun der VUKA-Welt an? Der britische Psychiater und Pionier in der Kybernetik William Ross Ashby hat schon in den 1950er-Jahren »*Ashby's Law of Requisite Variety*« veröffentlicht. Darin beschreibt er die Erkenntnisse seiner langjährigen Forschung zur Komplexität, sie lassen sich in einem zentralen Satz zusammenfassen: »*Only variety can absorb variety.*« Nur durch Vielfalt lässt sich Vielfalt beherrschen.

Komplexität lässt sich nicht durch mehr Planung und mehr Struktur im Unternehmen bewältigen. Gefragt sind Vernetzung und integratives Denken. Nur über die Verknüpfung der einzelnen Bereiche, Abteilungen und Teams eines Unternehmens und deren Spezialisten sind Organisationen überlebensfähig.

Das Unternehmen Hilti zum Beispiel hat deshalb aufgehört, den einzelnen Abteilungen Budgets zuzuteilen. *Beyond Budgeting* nennt man das. In einem konstruktiven Dialog sitzt der Chef mit seinen direkten Mitarbeitern regelmäßig zusammen und diskutiert, was jeder einzelne für seine Projekte derzeit an Ressourcen benötigt. Wenn man so eine Sitzung vertrauensvoll moderiert, entsteht ein gutes Miteinander, und man kommt weg vom »*High Balling*« der Vergangenheit.

Das Unternehmen Bosch hat angefangen, den Mitarbeiterinnen und Mitarbeitern keine Individualziele mehr zu setzen, sondern nur noch Gruppenziele.

Viele Unternehmen beginnen jetzt, buchstäblich Wände einzureißen, um die Abteilungen miteinander in Verbindung zu bringen. Der Mitarbeiter soll nicht mehr nur an sich, an seine Ziele, an seine Abteilung denken, sondern an das ganze Unternehmen. Und damit an den Kunden; denn nur wenn der Kunde zufrieden ist, geht es dem ganzen Unternehmen gut.

Das Einreißen der Wände kann aber nur der erste Schritt sein. In einer VUKA-Welt müssen Manager lernen, mehr im Schwarm und weniger als machtorientierte Einzelkämpfer zu handeln. Mitarbeiter sollten als Mitstreiter und nicht als Befehlsempfänger begriffen werden, und sie sollten jeden Tag aufs Neue für die gemeinsamen Ziele begeistert werden. Denn die Ära des Masterplans ist definitiv vorbei. Gefragt ist in der komplexen Welt der Mut, Pläne nicht sklavisch zu verfolgen, sondern sehr weit auszulegen, ja sofort zu verwerfen, wenn sie offensichtlich nicht ans Ziel führen.

Unternehmen, die strikt die Pläne ihrer Bosse abarbeiten und nicht nach links oder rechts schauen, keine Warnsignale hören wollen und keine Diskussionen zulassen, gehen unter. Siehe Nokia. Niemand dort wollte wahrhaben, dass ein iPhone, also ein Smartphone, die Mobiltelefone ersetzen könnte.

Möglichst ausgefeilte, kleine Mobiltelefone, mehr brauchte der Kunde doch nicht. Oder?

Ohne einen genaueren Blick auf die Unternehmenskultur von Nokia zu werfen, weiß man aus Studien über den Untergang des finnischen Telekommunikationskonzerns, dass das Unternehmen rund 20 »Zukunftsscouts« beschäftigt hat, um die neuesten Trends und Technologien für das Unternehmen nutzbar zu machen. Nur hat diesen Menschen niemand im Unternehmen richtig zugehört. Die Führungskräfte waren geblendet vom eigenen Ruhm. Wir sprechen vom »Paradoxon des Erfolgs«.

Es bringt also nichts, Zukunftsscouts einzustellen, wenn das Unternehmen noch in den alten Strukturen verharrt.

Managerinnen und Manager, die angesichts der VUKA-Welt nervös werden, neigen dazu, sich möglichst viele Daten über Markt und Konsumenten zu holen, um vermeintlich rationale Entscheidungen treffen zu können. Dabei ist der bessere Weg in einem disruptiven Umfeld: Intuition. Versuch und Irrtum.

Im Hause Nestlé zum Beispiel hat niemand den »Masterplan Nespresso« erfunden. Das Unternehmen tastete sich langsam voran. Weil man ahnte, dass es immer mehr Kaffeegenießer geben würde, die hochwertige Produkte und zugehörigen Service verlangten, baute man erst einmal in der Schweiz einen eigenen Vertrieb auf – online –, ohne die Mitarbeit der großen Handelspartner in Anspruch zu nehmen. Und weil das funktionierte, wagte man sich einen Schritt weiter und eröffnete eigene kleine Nespresso-Läden.

Ja, und irgendwann kamen dann die sündteuren Nespresso-Boutiquen in den besten Innenstadtlagen. Und es kam George Clooney. So wurde Nespresso zur sagenhaften Erfolgsgeschichte. Durch Intuition, durch das Prinzip von Versuch und Irrtum. Und nicht durch Planung von oben nach unten.

In den Wirtschaftswissenschaften sprechen wir, wenn ein Unternehmer nicht strikt der kausalen Logik folgt, von *Effectuation*. Franz Beckenbauer würde diese Strategie so nennen: »Schau'n mer mal.« Man tastet sich voran, fasst Rückschläge nicht als Scheitern auf, sondern als Chance, einen neuen, noch besseren Weg zu finden.

Was heißt das konkret? Führung in komplexen Situationen sollte sich nicht am Schlachtplan eines Generals orientieren. Um bei einfachen Bildern zu bleiben: Es ist der Tarzan in uns gefragt. Tarzan hat auch eine Idee davon, welches Ziel er erreichen will, aber er hat keinen konkreten Prozessplan und detaillierten Ablauf, wie er den Dschungel durchqueren will. Vielmehr greift er die erste Liane und vertraut darauf, dass er durch diese ausgelöste Energie einen neuen »Effekt« nutzen kann – sei es ein Ast, eine zweite Liane oder ein Baum. Tarzan nutzt bestehende Ressourcen und kombiniert sie immer wieder neu, um sein Ziel zu erreichen.

Effectuation richtet sich also idealerweise nach den vorhandenen Mitteln aus. Wie ein guter Koch, der mit saisonalen Zutaten arbeitet, statt seine Zeit darauf zu vergeuden, Fleisch und Gemüse für seine Gerichte streng nach Rezept aus fernen Kontinenten einzukaufen.

Ähnlich sollten Führungskräfte in der VUKA-Welt nicht endlos Pläne schmieden, sondern vielmehr ihre Ressourcen nutzen, einen ersten Schritt wagen und darauf vertrauen, dass dieser Impuls wieder neue Möglichkeiten und Geschäftsmodelle eröffnet. Dieser Logik folgt auch das Medienunternehmen ProSiebenSat.1 Media SE, wenn es nun in einem schrumpfenden Fernsehwerbemarkt die freien Sendeplätze dazu nutzt, junge Start-ups zu unterstützen. Im Fachjargon bezeichnet man diese Technik als *Media for Equity*. ProSiebenSat.1 Media SE stellt Werbeplätze unentgeltlich zur Verfügung und erhält dafür im Gegenzug Anteile an den werbenden Start-ups.

Effectuation bedeutet aber ebenso, dass man im Gegensatz zum planenden General, der seinen Feind unbedingt besiegen will, weniger kompetitiv und mehr kooperativ denkt. Weniger Wettbewerb, mehr Zusammenarbeit lautet das Gebot der Stunde. Moderne Führungskräfte müssen Brücken schlagen, Netzwerke aufbauen, kluge Wege der Kooperation finden. Während in den 1980er- und 1990er-Jahren das Primat der *Competition* allgegenwärtig war – BMW versus Daimler, UBS versus Credit Suisse, Roche versus Novartis –, sehen wir heute sogar bei diesen ehemaligen Erzfeinden erste Annäherungen.

Um mit dieser Methode erfolgreich zu sein, darf ein Unternehmen keinen Diktator an der Spitze haben, im Gegenteil. Das Motto muss lauten: »Jede und jeder muss sich einbringen mit Ideen, mit Leidenschaft.« Intuition lässt sich nämlich nicht verordnen.

Der Kunde:
Nicht mehr König, sondern Partner

Teamwork, ein faires Miteinander zwischen Management und
Angestellten, ein einwandfreies Image: Immer mehr Unternehmen werden das brauchen, weil das die Kundinnen und Kunden
ganz einfach erwarten. Natürlich gibt es auch Gegenbeispiele,
auch und gerade in der New Economy. Amazon, ein Gigant des
Internet-Handels, macht immer wieder Schlagzeilen, weil Mitarbeiterinnen und Mitarbeiter offenbar ausgebeutet werden.

Apple lässt seine Geräte in China produzieren, unter zum
Teil unmenschlichen Arbeitsbedingungen. Solche Beispiele
mag es zur Genüge geben. Und dennoch bin ich überzeugt:
Auf Dauer werden die Unternehmen damit nicht mehr durch-
kommen. Bei unserer Forschung stellen wir fest, dass Unternehmen, respektive deren Managerinnen und Manager, immer mehr Wert legen auf die sogenannten weichen Aspekte
der Unternehmensführung. Es kommt für immer mehr Unternehmen darauf an, etwas Nachhaltiges in die Welt zu setzen.
Während man früher sagte: »Wir haben die besten Produkte«,
geht es jetzt zunehmend in die Richtung: »Wir tun das Richtige.« Das Geschäftsmodell basiert auf der Fähigkeit, bei Kunden die Leidenschaft für das Unternehmen zu wecken.

Eine Analogie zum Sport verdeutlicht das: Man will die
Kunden als Fans gewinnen. Und wer die Kunden zu Fans machen will, muss zunächst die Mitarbeiterinnen und Mitarbeiter zu Fans machen. Das hat Folgen für das Geschäftsmodell
der Unternehmen von heute. Nichts ist mehr so wie früher.

Bis zum Ende der 1980er-Jahre konzentrierten sich die
Unternehmen in ihrem Geschäftsmodell allein auf ihr Produkt

oder ihre Dienstleistung. Das Motto: »Wir garantieren ein Angebot in höchster Qualität ohne jeglichen Fehler und erarbeiten uns dadurch einen Wettbewerbsvorteil.« Unternehmen strebten nach Technologie-Führerschaft; es kam darauf an, in der Produktion keine Fehler zu begehen. Die Strategie: höchste Qualität mit möglichst geringen Produktionskosten.

Auch das Marketing war darauf ausgerichtet, dem Kunden zu vermitteln: »Greif zu, denn was wir dir anbieten, ist großartig, einzigartig, du findest nichts Besseres.« Zu dieser Zeit waren Unternehmen noch mehrheitlich in ihrer Region oder zumindest in ihrem Heimatland verwurzelt, von Globalisierung keine Spur. Und in China dachte noch niemand daran, westliches Know-how zu kopieren oder gar zu übertrumpfen.

Dann brach das Zeitalter der Globalisierung an. Im ehemaligen Ostblock, in Asien und vor allem China begannen Unternehmen, Produkte in ähnlicher Qualität wie im Westen zu günstigeren Preisen anzubieten. Die westlichen Unternehmen antworteten darauf, indem sie sich nicht nur dem Produkt, sondern auch dem Kunden zuwandten.

Wer sich einen Wettbewerbsvorteil verschaffen wollte, musste jetzt den Kunden vor und nach dem Kauf umwerben. Entsprechend wurden in den Unternehmen die Kunden in Kategorien eingeteilt und individuell behandelt. Man führte das *Customer-Relationship-Management* ein, also eine Abteilung, die sich nur um die Beziehung zu den Kunden kümmerte. Es gab plötzlich ein Callcenter, es gab ein Beschwerdemanagement.

In der Folge warb das Marketing nicht mehr nur mit der Qualität des Produkts, sondern betonte auch den damit verbundenen Service: »Greif zu, Kunde, denn was wir dir bieten, ist großartig, einzigartig, du findest nichts Besseres – und du findest niemanden, der dich besser umsorgt.« Der Slogan lautete häufig sinngemäß: »Wir haben nicht nur tolle Produkte, sondern wir schaffen auch Abhilfe, wenn du Probleme damit hast.«

Schon Ende der 1990er-Jahre mussten sich die Unternehmen aber wieder auf neue Rahmenbedingungen einstellen. Das Internet veränderte alles. Informationen verbreiten sich seither in rasender Geschwindigkeit rund um den Planeten, die Welt rückt zusammen. Es gibt kaum noch Nischen, kaum noch Geheimnisse, die sich lange halten. Kunden ebenso wie Konkurrenten können weltweit Informationen einholen und Vergleiche anstellen.

Die ganze Welt wurde zu einem einzigen Markt. Die Produkte wurden sich immer ähnlicher, und die Hersteller mussten erkennen, dass sich Wettbewerbsvorteile in Produktion und Marketing nicht sehr lange halten lassen. In immer kürzeren Zyklen waren die Unternehmen plötzlich gezwungen, sich auf neue Rahmenbedingungen einzustellen: auf neue Technologien, auf neue Konkurrenten, auf neue Kunden.

In den westlichen Ländern antworteten die Unternehmen auf die neue Konkurrenz in Osteuropa und Asien, indem sie ihre Marke in den Vordergrund rückten. Wir nennen das Markenorientierung.

Man versuchte also, sich von der Konkurrenz abzuheben, indem man nicht nur hochwertige Produkte auf den Markt brachte und die Kunden mit gutem Service lockte. Zusätzlich versuchten die Marketingexperten nun, beim Kunden positive Gefühle für das Unternehmen zu wecken: Identifikation. Man erinnerte an die große Tradition des Unternehmens, gewann Prominente, die mit ihrer Bekanntheit und ihrem Ruf den

Kunden für das Unternehmen einnehmen sollten – die sogenannten Testimonials.

Die Botschaft lautete jetzt: »Greif zu, Kunde, denn nicht
nur unser Produkt und unser Service sind einzigartig, nein:
Auch wir sind einzigartig. Wir haben eine Geschichte, eine
Identität. Und wir passen zu Dir. Wir haben eine Identität, die
zu Dir passt.«

Aber mittlerweile reicht, von Ausnahmen abgesehen, auch
diese Markenpflege nicht mehr aus, um sich von Konkurrenten abzusetzen und Kunden langfristig zu binden. Das Rad der
Wirtschaft dreht sich immer schneller. Etwa seit dem Jahr 2005
beobachten wir nun, wie Unternehmen das Internet und dessen Community für sich entdecken.

Häufig ist ja die Rede davon, das Internet leiste der Indivi-
dualisierung Vorschub. Der Mensch sperrt sich angeblich in
seinem Zimmer ein und taucht in virtuelle Welten ab. Doch
das ist nur ein Teil der Wahrheit. Das nennt man dann »*Together
alone*«.

Die gute Nachricht ist: Menschen schließen sich in Internet-
foren, in sozialen Netzwerken wie Xing oder LinkedIn, wie
Facebook, Twitter, Instagram oder Snapchat zusammen. Es gibt
einen Trend weg vom Individualismus zurück zur Gemeinschaft.
Dieses Phänomen bezeichnet die Soziologie als Neutribalismus.
War das Streben nach Individualität und Selbstverwirklichung
Kennzeichen der Postmoderne, sehnt sich der post-post-
moderne Mensch wieder nach Gebundenheit und Geborgenheit
in selbst gewählten Teilbereichen der Gesellschaft.

Erfolgreiche Unternehmen wie Apple, Google, Nestlé mit
Nespresso, Red Bull oder BMW mit dem Mini machen sich
diesen Trend schon seit einigen Jahren zunutze. Sie bauen

Brand Communities, also regelrechte Fanklubs, rund um ihre Produkte und Dienstleistungen auf. Das Auto, der Rechner, der Kaffee tritt dabei in den Hintergrund. Vielmehr lockt den Kunden das Gruppenerlebnis, die Möglichkeit, durch den Kauf eines Produkts Teil eines Lebensstils zu werden und damit die eigene Identität aufzuwerten. Das neueste Versprechen lautet dann nicht mehr nur »Wir sind wie du«, sondern »Du gehörst zu uns, wir sind eine Gemeinschaft«, ja vielleicht sogar: »Wir sind eine Familie.«

Nicht mehr der einzelne Kunde, sondern das sich selbst koordinierende Netzwerk der Kunden steht im Vordergrund. Der Konsum einer anderen Marke kann dies im Idealfall nicht ersetzen – das bildet ein entscheidendes Kriterium für den Erfolg eines Unternehmens, weil sich Produkte heute durch weltweite Beschaffung und die leichte Verfügbarkeit von Informationen innerhalb kürzester Zeit kopieren lassen. Dagegen ist die wahrhafte und emotionale Verbindung zu den Kunden nicht nachzuahmen.

»*The link is more important than the thing*«, die Verbindung ist wichtiger als die Sache an sich. So hat der französische Marketingprofessor Bernard Cova dieses Phänomen einmal beschrieben.

Fortschrittliche Unternehmen nutzen nun diese Entwicklung in ihrem Geschäftsmodell. Sie versuchen, um ihre Produkte und Dienstleistungen herum Fanklubs oder gar Subkulturen aufzubauen, zumindest deren Entstehung zu unterstützen. Eine wichtige Erkenntnis dabei ist, dass eine Community nicht befohlen oder gekauft werden kann. Sie muss ermöglicht werden. Eine Community lebt aufgrund der – wie wir es nennen – »intrinsischen« Motivation seiner Mitglieder, aufgrund ihres

»Commitments«. Zu deutsch: Sie lebt von echten Gefühlen und echten Werten.

Viele Unternehmen unterschätzen das und versuchen, diese Identifizierung durch Marketingaktionen zu erzwingen. In Print und Fernsehen werden dann emotionale Bilder gezeigt, sie sollen dem Konsumenten das Gefühl vermitteln, er gehöre zum Unternehmen, zur Familie sozusagen. Häufig geht es um Mitgliedschaften und das Sammeln von Treuepunkten. Der Kunde merkt aber spätestens beim Kontakt mit dem Unternehmen allzu oft, dass die Emotionen nicht echt sind, dass es dem Unternehmen nur um steigenden Umsatz und größeren Profit geht, aber nicht um das wirkliche Familiengefühl. Häufig erreichen Unternehmen mit solchen Aktionen das genaue Gegenteil: Die enttäuschten Kunden entlarven die Falschheit dahinter und organisieren im Netz eine Community oder gleich einen Shitstorm gegen das Unternehmen.

Ein Beispiel hierfür ist die technisch wirklich gut gemachte Kampagne der Schweizer Bank UBS, welche kurz nach der Finanzkrise in Print und Fernsehen mit dem Slogan »*You & Us. UBS*« zu werben versuchte. Nur leider waren kurz zuvor die Skandale um Investmentbanker, die Milliarden verzockt hatten, publik geworden. Die Menschen hatten nicht das Gefühl, dass die Bank ihr Versprechen wirklich ernst meint. Viele Kunden beschwerten sich darüber, mit dieser Bank in einem Atemzug genannt zu werden. UBS hat das eingesehen und eingelenkt. Das neue Kundenversprechen heißt: »*We will not rest.*« Das kommt bei den Leuten bedeutend besser an, weil es signalisiert: Wir haben Fehler gemacht, aber wir werden nicht ruhen und werden uns bemühen, vieles besser zu machen.

Die Lehre daraus lautet: Eine Community kann man nicht einfach herbeireden. Das Unternehmen braucht ein tadelloses Image in der relevanten Zielgruppe und ein authentisches Bestreben, eine Gemeinschaft aufzubauen.

Du gehörst zu uns: Diesen Trend zur sozialen Orientierung im Geschäftsmodell erkennt man auch in der Art und Weise, wie die zuständigen Mitarbeiterinnen und Mitarbeiter mit ihrer Kundschaft umgehen.

Blicken wir zurück, angefangen mit dem sogenannten generischen Verkauf, der seine Wurzeln in der Nachkriegsära hat. Dabei ging es primär darum, Verkäufer und Ware räumlich und zeitlich möglichst nah zueinander zu führen. Mit zunehmendem Wettbewerb wurde der Druck auf die Verkäufer stärker. Sie wurden psychologisch geschult, um den Kunden zum Kauf überreden zu können. Das System beruhte vorwiegend auf Leistung und Gegenleistung, warum man es auch als transaktionalen Verkauf bezeichnete.

Diese Logik wurde nicht nur gegenüber dem Kunden, sondern auch intern gegenüber dem Mitarbeiter eingesetzt. Das vorwiegende Führungsprinzip basiert dabei auf Quoten: Jede Tätigkeit des Verkäufers wird gemessen, die Anzahl der Telefonate, die Anzahl der Kontakte, die Anzahl der Verkäufe und natürlich der erzielte Umsatz und Gewinn. Diese Verkaufsstrategie – genannt *Hard Selling* – ist keineswegs Geschichte, sondern immer noch in vielen Unternehmen gebräuchlich. Bei diesem Vorgehen ist der König der Verkäufer, derjenige, der auch einem Eskimo noch einen Kühlschrank verkaufen kann. Die wirklichen Interessen der Kunden bleiben dabei meist auf der Strecke. Und die Kunden merken das schnell.

Viele Unternehmen reagierten darauf, indem sie als neues Credo »Der Kunde ist König« ausriefen. Plötzlich gab es 24-Stunden-Hotlines, Discountprogramme, Bestpreisgarantien. Der Kunde wurde verwöhnt. Eine Studie aus dem Jahr 2013 im *Journal of Marketing* hat ergeben, dass viele Unternehmen mit dem Motto »Der Kunde ist König« in einen zerstörerischen Wettbewerb geraten sind. Man hat sich gegenseitig darin überboten, dem Kunden alles zu geben, was er sich wünscht. Die Gewinne wurden immer kleiner, am Ende standen rote Zahlen.

Überraschenderweise wurde in dem Zusammenhang festgestellt, dass viele Kunden sich gerade bei komplexen oder innovativen Produkten durchaus eine stärkere Führung durch den Verkaufsberater gewünscht hätten. Also: Man hat das Kundenverwöhnprogramm teilweise übertrieben.

Was also kommt nach dem generischen, dem transaktionalen und dem kundenorientierten Verkauf?

Untersuchungen zeigen: Der Kunde will als selbstbewusster Partner wahrgenommen werden. Er hat dank Internet und sozialen Medien mehr Informations- und Austauschmöglichkeiten als je zuvor. Diese neue Souveränität nutzt er, um vermehrt Einfluss auf andere Konsumenten und Unternehmen zu nehmen. Viele wollen sogar einbezogen werden in die Entwicklung von Produkten.

In der Konsumgüterindustrie findet man hierzu mittlerweile einige Beispiele. So können Konsumenten ihr eigenes Müsli entwickeln (Mymuesli), ihren eigenen Burger designen (McDonald's) oder die Schokoladenkreation ihrer Wahl mischen (Ritter Sport). Zugegeben, Müsli und Burger markieren noch keine große Revolution in der Wirtschaftsgeschichte, aber sie zeigen einen Trend an: Der vormals transaktionale

Austausch zwischen Kunden und Unternehmen weicht einer partnerschaftlichen Beziehung. Dieser transformationale Verkauf – wie wir ihn nennen, weil er das Verhältnis zwischen Verkäufer und Kunden grundsätzlich verändert – setzt aber voraus, dass der Kunde dem Verkäufer wirklich vertraut.

Sowohl das Businessmodell als auch die Verkaufsphilosophie werden also sozialer und persönlicher.

Hervorragende Produkte, guter Service und eine starke Marke sind nach wie vor das Fundament für erfolgreiches Wirtschaften. Wirkliche Vorteile im Wettbewerb können sich Unternehmen aber in Zukunft nur dann erarbeiten, wenn sie auch die emotionale Seite ihres Geschäfts beherrschen. Sie müssen Vertrauen schaffen beim Kunden. Der soll im Idealfall also zum Fan des Unternehmens werden.

Und hier schließt sich der Kreis: Ein Unternehmen, das beim Kunden Begeisterung für seine Dienste wecken will, muss hohen moralischen Ansprüchen genügen. Es braucht ein tadelloses Image, es braucht Mitarbeiterinnen und Mitarbeiter, die selbst vom Unternehmen und seinen Produkten begeistert sind. Das werden sie nur sein, wenn das Management nicht nur fair mit ihnen umgeht, sondern sie wirklich auf eine partnerschaftliche, wertschätzende Reise mitnimmt. Denn nur Fans können Fans gewinnen. Deshalb sind Führung und Zusammenarbeit wichtiger denn je.

Die Generation Y: Werte statt Geld, Macht und Status

Eigentlich zu schön, um wahr zu sein: Es gibt immer mehr soziale Orientierung im Verkauf, immer mehr Komplexität im

Unternehmen – und zugleich wächst nun eine Generation von jungen Leuten heran, die dafür prädestiniert ist, die Probleme zu lösen, die Komplexität zu bewältigen und soziale Werte in die Unternehmen zu tragen. Die Rede ist von der sogenannten Generation Y.

Mit dem Y bezeichnet man in der Soziologie die Generation ab dem Geburtsjahr 1985, die mit dem Internet groß geworden ist. Wir sprechen von den »Digital Natives«. Für sie ist das Internet keine Technologie mehr, deren Handhabung sie erlernen müssten. Für sie ist das Netz ein ganz natürlicher Teil ihrer Lebenswelt. Sie sind geübt darin, im Schwarm Komplexität aufzulösen. Aber sind sie auch bereit, unseren Unternehmen zu helfen?

Beklagt wird in manchen Branchen mittlerweile ein »War for Talents«, also ein Krieg um Talente, den sich die Unternehmen liefern. Gerade in der IT-Branche, wo es an jungen Ingenieuren, vor allem Ingenieurinnen mangelt.

Nehmen wir zum Beispiel ein großes deutsches Automobilunternehmen. In der IT-Abteilung beträgt das Durchschnittsalter 47 Jahre. Jeder Mitarbeiter, der 47 ist oder älter, ist für sich genommen natürlich nicht zu alt. Aber ein Unternehmen braucht, um nicht den Anschluss zu verlieren, junges Know-how und junge Ideen. Und es braucht auch junge Mitarbeiter, um die jungen Kunden zu verstehen. Mitarbeiter, die mit der Lebenswirklichkeit der jüngeren Generation vertraut sind, die eine Ahnung haben von deren Vorlieben und Werten. Das Unternehmen mit einem Durchschnittsalter von 47 in der IT-Abteilung hat also im Regelfall ein Problem. Deshalb wird in einem der großen deutschen Automobilkonzerne das Thema Elektro-Mobilität von einem 28-jährigen Projektleiter betreut. Er spricht die Sprache der jungen Kunden. Er hat verinnerlicht, dass seine Altersgenossen nicht mehr nach dem Motto durch die Gegend fahren: »*My car is my castle.*« Überspitzt ausgedrückt: Ältere Semester lassen an ihre rollende Burg vielleicht noch die Ehefrau oder den Ehemann und maximal den eigenen Nachwuchs heran. Jungen Leuten kommt es aber eher auf Mobilität an. Das Auto ist kein Statussymbol mehr, sondern ein Mittel, um von A nach B zu gelangen.

Ingenieure, die aus der Baby-Boomer-Generation stammen, halten das häufig für eine seltsame, möglicherweise heilbare Geschmacksverirrung. Ingenieure aus der Generation Y haben diese Haltung dagegen verinnerlicht.

Für die Industrie ist der Trend zur Shared Economy eine gewaltige Herausforderung. Denn sie versteht es seit jeher als ihr Ziel, so viele Autos wie möglich zu verkaufen. Nun kommt es aber plötzlich darauf an, Mobilität zu verkaufen an eine Generation, die Autos, Werkzeuge, ja sogar Wohnraum gern teilt – und zwar nicht aus Armut, sondern weil die jungen Leute das für vernünftiges Wirtschaften halten.

Teilen gehört für diese Generation zum nachhaltigen Wirtschaften, ebenso wie der schonende Umgang mit der Umwelt. Und nicht zuletzt finden viele dieser jungen Leute: Teilen macht Spaß, weil es Menschen zueinander führt.

Nun ist den meisten Unternehmen klar, dass sie diese Generation Y für sich gewinnen müssen, als Kunden wie als Mitarbeiter. Was allerdings fehlt, ist ein tiefes Verständnis von deren Bedürfnissen und Werten.

Um Mitarbeiterinnen und Mitarbeiter der Generation Y zu rekrutieren, versuchen viele Unternehmen, die Arbeitgebermarke (Stichwort »*Employer Branding*«) zu verbessern und in möglichst vielen sozialen Medien und Communities präsent zu sein. Darüber hinaus verbessert man das Hochschulmarketing und wirbt auf vielen Recruiting-Messen für sich. Aber reicht das?

Natürlich wird das Unternehmen dadurch bekannter, und die Bewerberzahlen steigen. Allerdings stellt man dann oft fest: Die Talente bleiben nicht lange. Sie merken nämlich sehr schnell, dass die Versprechungen, die in den Bewerbungsgesprächen und Kampagnen gemacht wurden, nicht authentisch sind – und sie im Arbeitsalltag eine ganz andere Wirklichkeit erleben als jene, die in Hochglanzmagazinen, Internetauftritten und sozialen Medien versprochen wurde.

Entscheidend ist es also, dass Unternehmen und Manager ein wirkliches Verständnis für die Einstellungen, Verhaltensweisen und Werte der Generation Y entwickeln. Doch die heutigen Manager in den Vorstandsetagen entstammen zum überwiegenden Teil noch der Generation der Baby Boomer, geboren zwischen 1945 und 1965.

Diese Generation wurde von Werten wie Disziplin, Gehorsamkeit und Pflichtbewusstsein geprägt. Man musste sich über Fleiß, Einsatz und Entbehrungen ein neues, besseres Leben verdienen. Studien haben ergeben, dass die entscheidenden Kriterien der Baby Boomer bei der Jobwahl Geld, Status und Macht sind. Entsprechend diesen Werten haben sie auch die Unternehmen geprägt. Daran hat auch die 68er-Generation, die als Studenten gegen das System aufbegehrte, letztlich nichts geändert.

Auf die Baby Boomer folgte die sogenannte Generation X oder Generation Golf, geboren zwischen den Jahren 1965 und 1985. Deren Integration in die Unternehmen verlief mehr oder weniger geräuschlos. Die jungen Golf-Fahrer fanden nicht alles motivierend und inspirierend, was sie in den Unternehmen an

Strukturen, Normen und Werten vorfanden, aber sie konnten sich an die Gegebenheiten anpassen. Deshalb lehnte sich diese Generation nicht wirklich auf. Sie hatte daher keine wirklich prägenden Erlebnisse, die sie in ihrem Selbstverständnis von der Elterngeneration unterschieden hätten.

Mit Ausnahme des Mauerfalls gab es wenig, was diese Generation nachhaltig prägte. Man nennt sie deshalb auch die *Grey Generation*. Graue Generation. Die Unternehmen, die zu dieser Zeit ihre Internationalisierungs- und Globalisierungsstrategien vorantrieben, konnten diese Generation X perfekt in das System integrieren. Sie war überwiegend karriereorientiert, wollte die Welt erobern und in den Unternehmen möglichst schnell aufsteigen.

Nun also nach der Generation Golf die Generation Y: Werte lebend, die bei den anderen Generationen weniger vertreten sind, geprägt vom Internet. Das hat ganz konkrete Folgen für die Arbeitswelt.

Soziologische Studien haben ergeben, dass die Verfügbarkeit des Internets erheblichen Einfluss auf die Verhaltensweisen und Erwartungen der jungen Menschen am Arbeitsplatz hat. Sie sind es gewohnt, täglich individuell nach ihren Bedürfnissen zu wählen – die Spielplattform, die Shoppingplattform, die Lernplattform oder die Sportplattform ihrer Wahl. Ständig können sie wählen, und wenn etwas oder jemand nicht mehr gefällt, wird mit einem Klick einfach abgewählt. Ständig sind sie »*just one click away from the next enjoyment*«.

Man spricht deshalb davon, dass sie an »Instant Gratification and Appreciation«, also an sofortige Belohnung und Wertschätzung gewohnt sind.

Diese Generation will Flexibilität, Spaß, hauptsächlich aber Teilhabe. Sie will nicht mehr gesagt bekommen, *was* sie zu tun hat. Sie will vor allem wissen: *warum?* Sinnerfülltes Tun ist somit auch – wie verschiedene Studien zeigen – das wichtigste Kriterium bei der Wahl des Jobs. Deshalb ist der Überbegriff Generation Y so passend: Y = *why*, also warum? Dieser Trend zum sinnerfüllten Tun setzt sich nun auch in der Generation Z fort. Diverse Studien belegen, dass diese Generation sogar noch mehr Wert als die *GenY* darauf legt, welchen Beitrag das Unternehmen für die Gesellschaft leistet und welchen Zweck ihr eigenes Tun hat.

Und nun stelle man sich vor: Diese jungen Leute sitzen zu Beginn ihres Arbeitslebens in der Buchhaltung, im Marketing, in der Finanzabteilung fest. Niemand im Unternehmen hat einen Plan, in welche Richtung sie sich entwickeln sollen. Diese jungen Leute werden jedoch schnell ungeduldig. Sie sind gewohnt, jedes Jahr, jeden Monat, manchmal sogar jeden Tag einen neuen Plan zu schmieden. Diese Generation ist es gewohnt, im Schnitt 3 000 Messages im Monat zu verarbeiten, 100 am Tag, und direkte Rückmeldungen in Form von »Likes« zu erhalten. In ihrem Unternehmen bekommt sie aber plötzlich nur noch einmal im Jahr ein Feedback. Oft nur ein nichtssagendes Gespräch und dazu ein altväterliches Schulterklopfen von den Chefs, die entweder der Generation der Baby Boomer oder der Generation Golf entstammen.

Die Unternehmenskultur, die die jungen Menschen vorfinden, ist geprägt von festen Strukturen und Kommando-Abfolgen. Jeder Einzelne fühlt sich als ein Glied in der Kette. Bis so eine junge Frau oder so ein junger Mann der Generation Y oder Z am neuen Arbeitsplatz seinem Chef, geschweige denn dem Chef seines Chefs, ein Projekt persönlich vorstellen darf, dauert es oft eine gefühlte Ewigkeit. Dem Chef des Chefs des Chefs ein eigenes Projekt vorstellen? Undenkbar.

Manche Mitarbeiter mögen es sich in dieser Struktur bequem eingerichtet haben, aber gerade jüngeren Leuten ist diese fehlende Unmittelbarkeit zutiefst fremd. Wo sie doch daran gewöhnt sind, einfach eine kurze Message an wen auch immer abzusetzen und in der Regel in kürzester Zeit Feedback zu bekommen – von den Eltern sowieso, von den Freunden, von den Online-Unternehmen, von Professoren, ja sogar von Politikern, wenn man nur die richtige Mail-Adresse anschreibt. Es gibt überall Antwort und Meinungsaustausch, ungeachtet von Herkunft und Hierarchie.

Die Unternehmen müssen also erkennen: Geld, Status oder Macht sind nicht mehr die einzige Motivation für einen Jobentscheid, heute geht es darum, Mitarbeiter für die Produkte des Unternehmens und das Miteinander im Team zu begeistern. Es geht dieser Generation um Werte – nicht nur um materielle, sondern hauptsächlich um ideelle. Ein Chef muss dieser Generation nicht mehr die Welt erklären nach dem Motto: »Ich sage Ihnen jetzt mal, wie das bei uns so läuft.« Die Digital Natives sind es gewohnt, die Welt per Mausklick oder Wischer selbst zu entdecken. Sie wissen, wo sie Antworten auf ihre Fragen finden und sind oft besser informiert als ihre Vorgesetzten. Das Anliegen der Generation Y und Z: Die Welt im Team erobern, gemeinsam Lösungen finden für eine Welt im Umbruch.

Selbstverständlich wird es auch in den Generationen Y und Z Spießer geben, Frauen und Männer, die vor allem dem Mammon hinterherjagen. Gleichzeitig laufen Digital Natives Gefahr, als »Digital Naives« wahrgenommen zu werden – als naive Digitale. Studien zeigen, dass dieser Generation aufgrund der vielen Informationen und Impulse, die sie jeden Tag aufnimmt, häufig der Tiefgang fehlt. Hier braucht es erfahrene Kollegen, die Informationen einordnen und interpretieren. Unter Berücksichtigung all dieser Argumente bleibt am Ende die Erkenntnis: Diese Generation ist durch die im Internet erlebte Freiheit sehr selbstbestimmt und sehr flexibel geworden. Diese Leute sind schon in jungen Jahren bereit, Verantwortung zu übernehmen. Sie wissen, dass es die wirtschaftlichen Sicherheiten nicht mehr gibt, mit denen die Baby Boomer und die Generation Golf groß geworden sind. Unbefristete Verträge, derselbe Job vom ersten Arbeitstag bis zum Tag der Verrentung, regelmäßige Gehaltserhöhungen, je länger man im Betrieb ist – alles von gestern.

Die Generation Y weiß, dass sie ihr Leben lang wird improvisieren müssen und zieht die Konsequenzen daraus. Ich würde von einem pragmatischen Idealismus sprechen. Diese Haltung wird sicherlich auch unsere Wirtschaft verändern.

3. Führen mit Gefühl – Wie geht das?

Fassen wir zusammen: Die VUKA-Welt lässt sich nur noch im Teamwork bewältigen. Der Kunde will vom Unternehmen als Partner behandelt, ja sogar wie ein Fan begeistert werden, und stellt deshalb auch höchste ethische Ansprüche an den Verkäufer des Produkts, das er erwirbt. Die Generation Y wiederum sucht nach sinnvollen Jobs und will erklärt bekommen, warum sie dies und jenes tun soll. Sie will sich einbringen und nicht nur Befehle befolgen. Höchste Zeit also zu verstehen, dass das Verhältnis zwischen Chef/Chefin und Teammitglied sich ändern muss. Immer mehr Unternehmen begreifen das.

Woran können Sie als normaler Angestellter erkennen, dass sich die Chefin oder der Chef gerade mit Fragen moderner Führung beschäftigt? Nun, das ist meistens ganz einfach. Chef/Chefin wird sich am Mittwochabend schon ins verlängerte Wochenende verabschieden, wird Ihnen erklären, er/sie müsse sich Donnerstag und Freitag an irgendeinem hässlichen Ort in irgendeinem sterilen Bildungszentrum in irgendeinem mit Industrieteppich ausgelegtem Schulungsraum mit »irgendwelchem Gedöns« beschäftigen. Jedenfalls schlimme Sache.

Am Montagmorgen wird der Chef oder die Chefin dann irgendwie beseelt, vielleicht sogar beglückt im Büro erscheinen, wird Ihnen tief in die Augen schauen und fragen: »Frau Meier, Herr Müller, wie war Ihr Wochenende? Und übrigens müssen wir dringend mal über Ihre persönliche Situation reden und über unser Team insgesamt!«

Sie werden sagen: »Danke der Nachfrage, sehr schön, und ja: Lassen Sie uns gern mal reden, Chef.«

Und wenn sich der Chef abgewandt hat, werden Sie vielleicht die Augen verdrehen und sich denken: »Oh Gott, jetzt war er wieder auf so einem Führungskräfte-Seminar mit irgendwelchen Menschenverstehern und Bäumeumarmern. Auch das geht vorüber, bald hat er es bestimmt wieder vergessen.«

Ich verstehe Ihre Skepsis.

Chefs und Chefchefs bis hin zur Spitze von großen Konzernen sind von den Anstrengungen der vergangenen 20 Jahre genauso zermürbt wie ihre Mitarbeiterinnen und Mitarbeiter. Immer neue Kosteneinsparungen, Restrukturierungen, Entlassungswellen. Immer wieder der Hinweis auf die Konkurrenz in Osteuropa, in China, in Indien, in Russland, in Brasilien. Die Klagen über die verdammte Globalisierung, die einem keine andere Wahl lasse als Personal abzubauen, noch mehr zu arbeiten, die Ziele noch höher zu schrauben.

»Also, Leute«, so sagen viele Chefinnen und Chefs, »wir müssen das durchstehen – sonst kommt am Ende ein Unternehmensberater, und dann bleibt kein Stein mehr auf dem anderen in unserem Laden.«

So sind die meisten Unternehmen und Manager über die letzten Jahre hinweg einer ständigen Stresskur ausgesetzt worden.

Dieser unglaubliche Druck gibt Führungskräften eine gute Ausrede dafür, warum sie sich schon seit Jahren nicht mehr um ihr Team gekümmert haben. Man ist ja immer im Dienste einer höheren Sache, des großen Ganzen unterwegs. Muss höhere Zielvorgaben, neue Sparrunden abwehren. Da kann man nicht auch noch Interesse am Mitarbeiter zeigen.

Und zum Ausgleich für diese Tortur lassen sich Unternehmer und Manager dann irgendein Motivations-Gedöns einfallen. Dann kann es den Mitarbeiterinnen und Mitarbeitern passieren, dass die Führungskraft sie am Wochenende alle zusammen auf einen Berg hetzt. Oder man stürzt sich mit der ganzen Abteilung im Kajak eine Wildwasserstrecke hinunter, oder man überquert auf einem Seil eine gefährliche Schlucht. Das soll ja angeblich Spannungen abbauen, den Teamgeist fördern.

Aber wer will schon mit einem Idioten auf einen Berg steigen, eine Schlucht überqueren, in einem Kajak paddeln? Am Montag geht es dann ohnehin wieder weiter im Hamsterrad, als wäre nichts gewesen. Gute Beziehungen müssen am Arbeitsplatz entstehen – wenn das geklappt hat, kann man auch gemeinsam einen Berggipfel erklimmen.

Immerhin: Chefs wissen in der Regel, wie sie von ihren Leuten gesehen werden, sie spüren es zumindest. Und viele leiden darunter. Mischt man sich zu Beginn solcher Führungsseminare unter die Teilnehmer, zum Beispiel beim Mittagessen, bekommt man immer wieder zu hören, wie schön es doch sei, mit diesen Fragen mal wieder konfrontiert zu werden: Wie geht es meinen Leuten? Wie geht es dem Team? Wie werde ich von meinem Team gesehen? Wie bringe ich mein Team voran?

Aber man wisse ja, wie schnell die guten Vorsätze im Alltag wieder vergessen seien. Es seien doch so viele »Kriege zu führen«, so viele »Schlachten zu schlagen«, so viele »Kampfaufträge abzuarbeiten« im Unternehmen. Wer habe da noch Zeit, sich wirklich um die Mitarbeiter zu kümmern?

So klagen die Chefs, die Manager. Und stöhnen. Und hören sich an, warum sie sich endlich um die Menschen um sie herum kümmern müssen. Und sind beseelt. Und vergessen das alles wieder sehr schnell?

Liebe Mitarbeiterin, lieber Mitarbeiter: Geben Sie dem Chef oder der Chefin diesmal eine Chance, vor allem dann, wenn in den Gesprächen der Begriff »transformationale Führung« oder »*Positive Leadership*« auftaucht. Und nehmen Sie Ihre Vorgesetzten diesmal beim Wort.

Es ist eine gewaltige Herausforderung für die Manager, sich mit »*Soft Skills*«, mit dem vermeintlichen Gedöns also, zu befassen, während sie gleichzeitig ihr Unternehmen zukunftsfähig machen müssen. Doch unser Eindruck ist: Alle hinterfragen sich, vielleicht nach einigem Zögern. Alle versuchen, unsere Theorie moderner Führung zu verstehen und sie sich für das tägliche Geschäft anzueignen. Vor allem spüren sie, dass die Zeit reif dafür ist und dass sie die Veränderungen in unserem disruptiven Umfeld nur gemeinsam mit den Menschen im Unternehmen schaffen werden. Eine sachlogische Veränderung des Unternehmens braucht nämlich auch eine psychologische Veränderung.

Hier setzt unsere Arbeit an, immer mit dem gleichen Ziel, den Führungskräften von etablierten großen Unternehmen zu helfen, durch bessere Führung gemeinsam mit ihren Kolleginnen und Kollegen die Transformation zu bewältigen. Es geht darum, nicht nur die alten Erfolgsmodelle zu verwalten, sondern auch die Möglichkeiten der Digitalisierung zu nutzen.

Die Gewinner der 1980er-, 1990er- und 2000er-Jahre müssen radikale Innovationen entwickeln, sonst werden sie von dem digitalen Tornado hinweggefegt, den die agilen Start-ups entfachen. Vor diesem Hintergrund verstehen immer mehr Manager, dass dies nur mit guter Führung gelingen kann, dass es nicht mehr reicht, die Mitarbeiter nur extrinsisch zu motivieren und einen Plan abzuarbeiten. Die Pläne funktionieren nämlich nicht mehr, und der Chef braucht plötzlich die Mitarbeiter, die nah beim Kunden, bei der Technologie und beim Lieferanten sitzen. Diese wissen in der Regel mehr über die Lösungen der Zukunft als der Boss. Um diese Menschen zu überzeugen, sich für die gemeinsame Zukunft einzusetzen, braucht der Boss Empathie und positive Führung – etwas, das in den vergangenen Jahrzehnten nicht wirklich trainiert wurde.

Der Charme des Expeditionsleiters

Zunächst geht es um grundsätzliche Dinge: Wer führt, sollte die Menschen kennen und verstehen, die ihm folgen sollen. Denn er hat Macht über andere Menschen. Er nimmt auf andere Menschen Einfluss. Er versucht, aus einem Team mehr herauszuholen als die Summe dessen, was die Einzelnen zu leisten imstande sind.

Doch wie bringt man Menschen dazu?

Im Wesentlichen kann man drei Führungsstile unterscheiden: das Prinzip Hängematte, das Prinzip Puppenspieler, das Prinzip Expeditionsleiter.

In der Hängematte leben alle sehr bequem, es herrscht das große Laissez-faire. Der Chef lässt den Laden laufen, lässt seine Leute in Frieden und will von seinen Leuten in Frieden gelassen werden. Die Nachteile liegen auf der Hand: Die Leute haben keine Ziele vor Augen, werden weder aktiviert noch kontrolliert. Ein solcher Führungsstil ist für den einen oder anderen Mitarbeiter zu Beginn noch ganz bequem, nach einiger Zeit führt er aber zu Frustration und Konflikten. Frustration, weil die Mitarbeiter nicht vorankommen und sich nicht entwickeln. Konflikte, weil kein Chef aktiv moderiert und Leitung übernimmt, wenn Interessen im Team gegenläufig sind. Es ist eigentlich eine inhumane Art von Führung. Die Mitarbeiter werden nämlich nicht gesehen und das ist so ziemlich das schlimmste, was man Menschen antun kann. Sie kennen ja den Spruch: »Lieb mich, hass mich, aber bitte, bitte ignorier mich nicht.« Leider passiert das aber vielen Mitarbeitern in unseren Unternehmen.

Der Puppenspieler führt seine Leute wie an Fäden. Über Jahrzehnte hinweg hat sich in den Unternehmen diese Art der Führung festgesetzt, weil sie dem System Sicherheit und Stabilität zu garantieren scheint. Das Prinzip Puppenspieler basiert auf dem Mythos, dass Mitarbeiter faul und dumm sind und dass man sie kontrollieren und aktivieren muss. Und so hat man sich ein perfektes System von Aktivierungstools ausgedacht: Bonus, Beförderung, neuerdings auch Sabbaticals. Auf der anderen Seite: Strafen bis hin zur Entlassung. Die klassische Transaktion. Der Chef setzt Ziele, und wenn der Mitarbeiter diese Ziele erfüllt, wird er belohnt, materiell oder auch immateriell. Bei Nichterfüllung der Ziele: Sanktionen.

Häufig beobachten wir in dem Zusammenhang auch das sogenannte *Stretched Target*, das gestreckte Ziel. Sie alle kennen das Phänomen: Der Mitarbeiter vereinbart zu Beginn des Jahres mit seinem Chef beispielsweise ein Umsatzziel von 1 Million Euro. Im Oktober kommt der Chef aber wieder und sagt: »Du weißt ja, dieses Jahr war schwierig. Wir alle müssen uns nochmal strecken, und auch du musst jetzt statt 1 Million 1,2 Millionen Euro liefern – ich weiß, du schaffst das.«

Ich habe diese Art der Führung auch einmal an unserem Hund Klitschko ausprobiert. Klitschko war ein sehr großer und kräftiger Hund von 42 kg. Ich hielt Klitschko also eine Wurst in die Höhe und Klitschko sprang. Interessant war dabei schon mal, dass Klitschko nicht nach jeder Wurst sprang. Es musste die richtige sein, so wie Mitarbeiter auch nicht nach jedem *Incentive* springen. Wenn ich aber die richtige Wurst gefunden hatte, sprang er. Das Problem war nur, Klitschko sprang immer nur auf die Höhe der Wurst. Er sprang nie höher als die Wurst und nahm sie nie auf dem Weg nach unten mit. Nein, er sprang immer nur so hoch wie die Belohnung. Ich überlegte mir, wie es wohl im Management gemacht wird, um Extra-Performance von den Mitarbeitern zu erhalten und kam auf die Lösung: *Stretched Targets.* Wie geht das aber mit Klitschko? Ganz wichtig bei der Versuchsanordnung ist, dass man die Wurst nicht gleich zu Beginn einfach höher hält. Vielmehr muss man warten bis Klitschko in der Luft ist und erst dann darf man nach oben ziehen. Ansonsten könnte sich Klitschko ja darauf einstellen und der Überraschungseffekt wäre weg. Und tatsächlich es klappte. Klitschko hatte in der Luft seinen Hals durchgestreckt und konnte ca. drei bis vier Zentimeter Extra-Performance abliefern. Ich war überrascht, was er aus sich herausholte und er war es wahrscheinlich auch.

Das Problem war nur: Klitschko sprang nur zweimal nach dem *Stretched Target,* dann hatte er das Spiel durchschaut und dachte sich wohl: »Veräppeln kann ich mich alleine auch.« Klitschko sprang kein drittes Mal.

Wir wissen heute, dass manche Manager geduldiger sind als Klitschko; sie springen auch ein drittes, ein viertes, ja auch ein fünftes Mal nach einem gestreckten Ziel. Immer mehr Manager und Organisationen realisieren aber, dass mit unserem Führungssystem etwas nicht mehr stimmt. Die Mitarbeiter in einem solchen System suchen nur noch den schnellsten Weg, um zum Ziel zu kommen. Das Kundeninteresse und die intrinsische Motivation der Mitarbeiter werden in den Hintergrund gedrängt, und wenn etwas Unerwartetes auf dem Weg zum Ziel passiert, kann das System kaum darauf reagieren. Es entstehen Kollateralschäden wie beispielsweise in der Bankenkrise, als Mitarbeiter angetrieben von immer neuen *Stretched Targets* und Boni-Versprechen im großen Stil toxische Produkte an die Kunden verkauften.

Der Expeditionsleiter schließlich hat den schwierigsten Job. Er muss seinen Leuten Orientierung geben, muss ihnen Hilfestellung anbieten, muss sie vor Gefahren warnen. Aber er hat keine Druckmittel, um seine Gruppe ans Ziel zu bringen. Er muss sie führen im wahrsten Sinne des Wortes, dazu braucht er ein emotionales Zielbild, eine gemeinsame Vision, er braucht Vertrauen und Respekt, vielleicht sogar die Bewunderung der ihm anvertrauten Leute. Dafür muss er oder sie sein oder ihr Team kennen, die Stärken und Schwächen sowie die Leidenschaften und Ängste jedes Einzelnen. Die Frauen und Männer seiner Expedition werden zusammenhalten und – zum Beispiel auf der anstrengenden Wüstensafari – gemeinsam mehr Abenteuer wagen und mehr Anstrengung ertragen, als sie sich das zu Reisebeginn zugetraut hätten. Diese neuen Erfahrungen und Erkenntnisse werden ihnen womöglich ihr ganzes Leben lang helfen.

Hier handelt es sich um die klassische Form der »transformationalen Führung«. Diese Art der Führung bringt jeden Einzelnen und die ganze Gruppe auf ein höheres Niveau.

Und welche Art von Führung verspricht nun den größten Erfolg?

Der Aufenthalt in der Hängematte ist sicher die lockerste Art des Zusammenlebens zwischen Chef und Mitarbeitern. Der Puppenspieler wird seine Leute immer im Griff haben, aber werden sie auch wirklich alles für ihn geben? Der Expeditionsleiter schließlich hat bestimmt den anspruchsvollsten Job, aber auch den spannendsten.

In Reinform werden alle drei Arten der Führung niemals erfolgreich sein. Gute Leader werden sie immer mischen. Nur wie?

Einmal spielerisch gedacht: Stellen Sie sich ein Unternehmen vor, das in hohem Maß sowohl transaktional als auch transformational geführt wird, also eine Organisation mit harten Strafen und hohen Belohnungen und zugleich mit einem sehr großen inneren Zusammenhalt.

Sie denken an Merrill Lynch, Goldman Sachs, Boston Consulting oder McKinsey? Alles nicht ganz falsch. Auch militärische Eliteeinheiten oder auch die Mafia haben Elemente dieser sogenannten *High Contrast-Culture*: viel Transformation, gemeinsamer Spirit und Stolz, zu dieser Einheit zu gehören, aber auch gnadenloser transaktionaler Performance-Druck. Das geht häufig nur auf Kosten einer hohen Fluktuation, nach dem Motto »Up or Out« und einer angespannten Unternehmenskultur.

Wie bereits erwähnt empfehlen wir den Unternehmen und ihren Managern so viel transaktionale Führung wie nötig und so viel transformationale Führung wie möglich. Ohne Kontrolle und die Möglichkeit von Belohnung und Bestrafung lässt sich ein Unternehmen nicht führen. Doch allein damit geht es nicht mehr. Die Geschäftsfelder wandeln sich in der globalisierten, komplexen Welt von heute auf morgen, die Unternehmen sind deshalb darauf angewiesen, dass die Mitarbeiter bereit sind, sich immer wieder aufs Neue dem Wandel zu stellen und ihn mitzugestalten. Und das wird nicht gelingen, wenn die Führungskultur eines Unternehmens ganz auf Stabilität und Berechenbarkeit angelegt ist.

Darum sollte die Führungskraft der Zukunft mehr dem Typus des Expeditionsleiters gleichen. Ein Chef, der alle mitnimmt, der Mannschaft hilft auf neue Höhen zu gelangen und auch einmal auf ungespurten Pfaden unterwegs ist.

Nicht ausbrennen – brennen!

Ich höre schon Ihren Einwand: »Wir reden hier von Wirtschaft. Von Unternehmen, die dazu da sind, Gewinne zu erwirtschaften, und von Mitarbeitern, deren Ziel es ist, den Lebensunterhalt für sich und ihre Familie zu verdienen. Wir sind hier nicht auf einer Abenteuerreise. Nicht in einer Sekte. Nicht in einem esoterischen Seminar. Als Mitarbeiter will man auch mal in Ruhe gelassen werden. Geld gegen Arbeit.«

Ich halte dagegen: Solange der Laden läuft, mag diese rationale Haltung angenehm sein für beide Seiten. Aber in der heutigen Wirtschaft wird der Laden nicht sehr lange laufen, wenn sich die Mitarbeiter, auf welcher Hierarchieebene auch immer, dem Unternehmen nur auf rein rationaler Basis nähern, wenn sie ihre Leidenschaft allein für Partner, Familie, Freunde oder Hobbys aufsparen. So ein Unternehmen wird heutzutage sehr schnell in eine Krise geraten, wird irgendwann zum Wandel gezwungen werden – und die ganze Belegschaft wird dann sehr harte Zeiten zu durchleben haben.

Außerdem, da bin ich ganz ehrlich: Ich verstehe Menschen nicht ganz, die ihren Job ausschließlich als Mittel betrachten, Geld zu verdienen. In Notfällen, in Zeiten des Übergangs, ja. Aber aus Prinzip? Ich halte das für eine Verschwendung von Lebenszeit.

Wer nun glaubt, die Manager in unseren Seminaren seien ganz begierig darauf zu hören, wie sie ihre Mitarbeiter ausquetschen können – der täuscht sich gewaltig. Was immer wieder zu hören ist: »Wir wollen unsere Leute mitnehmen und gemeinsam Großes erreichen. Ich will meine Leute dazu bewegen, dass sie mitmachen wollen und nicht mitmachen müssen.«

An der Stelle diskutieren wir dann jedes Mal die Frage: Was treibt uns Menschen an? Warum stehen wir morgens auf und setzen uns in Bewegung, auch wenn es manchmal so unglaublich schwerfällt?

Wir wollen überleben, natürlich: der biologische Trieb.

Dann die sogenannte extrinsische Motivation. Der Antrieb, etwas zu tun, kommt von außen. Wir tun etwas, um den Erwartungen von Eltern, Familie, Freunden, vielleicht sogar eines Arbeitgebers zu entsprechen. Oder weil es nützlich ist: Wir machen drei Aushilfsjobs zugleich, um irgendwann unseren Traum von einer Weltreise finanzieren zu können. Oft wird auch die Aufgabe, die uns ursprünglich Spaß machte, zur Gewohnheit – und wir denken gar nicht mehr daran, dieses Hamsterrad zu verlassen.

Daniel H. Pink, der Autor des Buches *Drive. Was Sie wirklich motiviert,* nennt das *»Play turns into Work«*: Das, was früher ein Spiel für uns war, wird zur Arbeit. Es ist ein Drama, wie man an der folgenden Geschichte erkennen kann. Nennen wir sie: »Das Schneeballbeispiel.«

Ein alter Mann wohnt in einem Haus neben einer Schule. Im Winter schaut der Mann zum Fenster hinaus, wie alte Leute das häufig tun, und die Kinder werfen Schneebälle dagegen. Den Mann ärgert das natürlich zunächst furchtbar, doch dann kommt ihm eine Idee. Er geht zu den Kindern hinaus und bietet ihnen fünf Cent an für jeden Schneeball, der sein Fenster trifft, es aber nicht kaputt macht. Die Kinder denken, der alte Mann ist verrückt: Er bezahlt uns für etwas, das uns auch noch Spaß macht. Die Kinder werfen und werfen, und wieder nach einiger Zeit geht der alte Mann erneut hinaus zu den Kindern und sagt: Seine Rente sei bescheiden, er könne die Kinder nicht mehr bezahlen für die Schneebälle. Die Kinder können aber gerne weiter werfen, wenn sie mögen. Was passiert? Die Kinder hören auf zu werfen.

Der Mann hatte durch ein kleinteiliges Bezahlen das Spiel der Kinder zu seinem eigenen Spiel gemacht und ihnen dadurch die intrinsische Motivation genommen. Das ist das klassische Phänomen von »*Play turns into Work*«. Das, was lange Zeit Spaß gemacht hat, wird plötzlich zu harter Arbeit. Der alte Mann hat das Spiel zu seinem Spiel gemacht. Genau das passiert auch tausendfach jeden Tag in unseren Unternehmen. Chefs machen das Spiel zu ihrem Spiel; die intrinsische Motivation wird verdrängt, wir sprechen von einem »*Crowding-out-Effect*«. Das ist die Gefahr der transaktionalen Führung, die auf extrinsische Anreize und kleinteilige Belohnung setzt. In der Wirtschaft ist das Phänomen sehr häufig zu beobachten. Leute bewerben sich auf einen Job, haben richtig Lust darauf und kommen voller intrinsischer Motivation zur Arbeit. Sie wollen sich einsetzen und wirklich etwas bewegen – doch nach einiger Zeit arbeiten sie nur noch für Geld, schlimmer noch: für den winkenden Bonus.

Eine weitere Gefahr der transaktionalen Führung: Sie kann Menschen zu Robotern machen. In vielen Unternehmen – insbesondere im Einzelhandel – ist es üblich, dass man der Belegschaft ein ganz konkretes Verhalten gegenüber dem Kunden nahelegt. Das ist sicherlich bis zu einem gewissen Grad nachvollziehbar, da es Standards setzt und qualitative Ansprüche eines Unternehmens untermauert. Die Gefahr ist allerdings, dass es zu einem, wie wir sagen, »*In-role-Behavior*« kommen kann. Das heißt: Der Mensch findet nicht mehr heraus aus der vorgegebenen Rolle. Dazu eine weitere Geschichte. Nennen wir sie: »Das Kaufland-Beispiel.«

Bei der Einzelhandelskette Kaufland gab es lange Zeit die Vorgabe, dass Kassiererinnen ein rotes Halstuch tragen und ihre Kundschaft fragen mussten, wie das Einkaufserlebnis war. Das reizte mich zu einem »*Mystery Shopping*«.

Drei Personen vor der Kasse.

Person eins wird gefragt: »Wie war Ihr Einkaufserlebnis?« Antwort: »Gut.«

Ende der Unterhaltung.

Person zwei ignoriert die Frage; Begründung, als ich sie später darauf anspreche: »Die Frage ist doch gar nicht ernst gemeint.«

Dritte Person in der Schlange, ich selbst. Auf die Frage nach dem Einkaufserlebnis antworte ich: »Schlecht.«

Darauf die Kassiererin: »Aber der Rest war okay?«

Der Rest? Eine Szene wie im Kabarett. Offenbar war die Kassiererin gar nicht auf ein »Schlecht« vorbereitet. Sie spulte ihr Programm ab, unfähig, auf Abweichungen zu reagieren.

Vielleicht hatte die Frau an der Kasse früher tatsächlich mal Lust, sich mit Kundinnen und Kunden zu unterhalten. Jetzt aber folgte sie einem standardisierten Muster.

Play turns into Work: Das kommt dabei heraus. So etwas passiert nicht, wenn wir aus intrinsischer Motivation handeln. Wir tun etwas, weil es uns Spaß macht. Weil es uns, wie man so schön sagt, im Blut liegt.

Nehmen wir einen jungen Mann, der gern schreibt. Die Zeitungskrise interessiert ihn nicht – er will Journalist werden, weil er sich berufen fühlt, andere Menschen zu informieren, aufzuklären, zu unterhalten mit seinen Texten. Und weil ihn das Schreiben ganz einfach glücklich macht. Andere, zum Beispiel, arbeiten an Wikipedia mit, weil es eine epochale Aufgabe ist, eine Online-Enzyklopädie zu erstellen, die von allen gemacht wird und allen kostenlos zur Verfügung steht. Wieder andere entwickeln ein Betriebssystem namens Linux, weil ihnen Demokratie und Transparenz im Internet am Herzen liegen und weil sie deshalb dem IT-Giganten Microsoft eins auswischen wollen.

Work turns into Play: Die Arbeit wird zum Spiel.

Wir sind der festen Überzeugung: Wer in seinem Beruf der intrinsischen Motivation folgt, wer für seine Arbeit brennt, der wird nicht ausbrennen. Wer in seiner Aufgabe im Job aufgeht, der wird letztlich zu Hause eine bessere Mutter, ein besserer Vater, ein glücklicherer Mensch sein als jemand, der seine Arbeit als Pflichterfüllung betrachtet und emotionslos von Montag bis Freitag, von neun bis fünf im Hamsterrad läuft.

Und die Überstunden, die Wochenendarbeit? Ist das nicht Ausbeutung pur?

Natürlich braucht jeder seine Pause, aber das Zeitvolumen an sich ist kein Kriterium. Wer phasenweise sehr viel arbeitet, beutet sich nicht aus, solange er sich glücklich dabei fühlt, vielleicht sogar Kraft schöpft für die Zeit, in der er wieder mehr Zeit für Familie, Freunde, Hobbys hat.

Die intrinsische Motivation zu wecken und zu adressieren, »*When Work turns into Play*«, ist die zentrale Aufgabe des Expeditionsleiters. Es zu schaffen, dass Arbeit Spaß macht, dass Menschen beim täglichen Miteinander Freude an dem haben, was sie tun. Das ist nicht leicht, aber möglich. Das ist die Königsdisziplin der Führung.

Vom Manager zum Leader

Der Reiseleiter braucht in seinem Team einen Geist, der dafür sorgt, dass die Leute über sich hinauswachsen. Der Anführer muss diesen Geist schaffen, muss ermöglichen, dass dieser Teamgeist entsteht. Der Leader muss ein Vorbild sein, muss seinen Leuten Leidenschaft vermitteln, muss sich in andere Menschen hineinfühlen können. Wer als Leader nur auf seine Macht vertraut, der wird langfristig scheitern.

An der Stelle gilt es, eine wesentliche Unterscheidung zu treffen zwischen Management und Führung.

Wer in einem Betrieb *managt*, der kümmert sich um Effizienz, Ergebnisse, um Zielerfüllung im laufenden Quartal. Der gibt seinen Mitarbeitern praktische Hilfestellung, wenn es darum geht, sich ins Unternehmen einzufügen und die vorgegebenen Ziele zu erreichen. Der erklärt seinen Leuten, wie sie etwas zu tun haben, und wann es erledigt sein muss.

Wer in einem Betrieb *führt*, der bemüht sich um das große Ganze, um Veränderung und Verbesserung. Der will seinen Mitarbeitern ein Vorbild sein, kümmert sich zwar auch um Ziele, aber in erster Linie um Visionen. Der will Mitarbeiter nicht eingliedern in die bestehenden Strukturen, sondern will ihnen helfen, besser zu werden und vielleicht aus den bestehenden Strukturen auszubrechen, um neue zu schaffen. Der erklärt seinen Leuten nicht, wie und bis wann sie etwas zu erledigen haben, sondern vor allem, warum sie etwas tun sollen.

Der ist ein guter Expeditionsleiter.

Je länger ein Manager in einem Unternehmen ist, und je höher er aufsteigt in der Hierarchie, desto mehr neigt er dazu, das *Warum* zu vergessen. Das ist jedoch die erste und wichtigste aller Fragen, die ein Leader beantworten muss.

Eine Karikatur zeigt, was ich meine:

»Laut Ihrem Lebenslauf waren Sie in einem
früheren Leben ein ägyptischer Pharao.
Haben Sie Ihre Führungsfähigkeiten seither erneuert?«

Man spricht in dem Zusammenhang vom »*Paradoxon of Success*«: Wer Erfolg hat, nimmt allzu vieles für selbstverständlich, erklärt zu wenig, überprüft sich selbst nicht mehr, ignoriert die Welt um sich herum, vor allem aber macht er mehr vom gleichen, denn das hat ihn ja erfolgreich gemacht – und legt damit in einer sich schnell verändernden Welt paradoxerweise den Grundstein für den künftigen Misserfolg. Erschwerend kommt hinzu, dass es einen Zusammenhang zwischen der Hierarchiestufe einer Führungskraft und der Offenheit und Ehrlichkeit des Feedbacks gibt. Das heißt konkret: Je höher Sie in der Hierarchie steigen, umso weniger offen und ehrlich bekommen Sie in der Regel Rückmeldungen Ihrer Mitarbeiter. Es ist oft nicht einmal die Person, sondern die Funktion und die damit verbundene Macht, welche die Mitarbeiter »mundtot« macht.

Hierzu eine kleine Anekdote: Der Leiter eines Schweizer Unternehmens aus der Finanzindustrie holte 700 Mitarbeiter zu einem sogenannten *Townhall-Meeting* zusammen, gedacht als Plattform für einen Austausch rund um Transformation und Wandel. Doch es kam keine einzige Wortmeldung. Der Unternehmensleiter verzweifelte schier. Ich mischte mich in der Pause unter die Leute und hörte Kommentare wie: »Ich kann das Gerede nicht mehr hören, immer das Gleiche.« – »Der glaubt ja selbst nicht mehr daran.« – »Der macht es eh nicht mehr lang.« Man musste kein Psychologe sein, um zu erkennen: Der Unternehmensleiter war von seinen Leuten so weit entfernt wie der Mond von der Erde.

Je höher Führungskräfte aufsteigen, desto mehr fühlen sie sich oft als Manager und desto weniger als Anführer. Sie verwalten nur noch den Erfolg der Vergangenheit und gestalten zu wenig. Der Erfolg der Vergangenheit führt häufig dazu, dass die Führungskraft einfach die Prinzipien und Strategien fortschreibt, die sie einmal erfolgreich gemacht haben. Wenn sich dann aber das Umfeld verändert, sind die Erfolgsformeln der Vergangenheit das Rezept für den Misserfolg in der Neuzeit.

Die meisten Unternehmen sind »*underled and overmanaged*«: Es gibt zu wenig Führung und zu viel Management. Zu wenige Leute, die über den Tag hinausdenken, Visionen entwickeln und Strategien aufzeigen, mit denen man diese Visionen Wirklichkeit werden lässt und es schafft, in einem disruptiven, sich verändernden Umfeld erfolgreich zu bleiben.

Visionen entwickeln. An dem Punkt gilt es im Gespräch mit Führungskräften immer wieder, Skepsis zu überwinden. Die Mienen im Auditorium verfinstern sich, manche haben ein spöttisches Lächeln im Gesicht. Visionen? Ist das nicht wieder so ein amerikanisches Geschwafel, ein esoterischer Hype, der keinen Einfluss auf das Ergebnis hat?

Drachen und Prinzessinnen oder die Kraft der Vision

Wer Visionen hat, solle zum Arzt gehen. Das sagte einst der Bundeskanzler Helmut Schmidt. Der sah sich als Pragmatiker, als Macher, als Manager, als Erster Angestellter der Republik. Mit kühlem Verstand lotste er Deutschland durch schwere Krisen, durch die Rezession und Wirren eines den Staat gefährdenden Terrorismus. Er führte »auf Sicht«, wie man gern sagt, und steuerte nicht ein irgendwo im Nebel verborgenes Ziel an. Die Deutschen haben ihn vor allem später für seinen nüchternen Pragmatismus geliebt und verehrt bis zu seinem Tod im Jahr 2015.

Nur wenige Politiker formulieren Visionen – aber hinterlassen nicht genau die die größeren Spuren? Die Neigung zum großen Wurf pflegte Schmidts Vorgänger Willy Brandt mit dem begeisternden Motto »Mehr Demokratie wagen«. Helmut Kohl versprach anlässlich der Wiedervereinigung 1990 »blühende Landschaften« in den fünf neuen Bundesländern. 25 Jahre später blüht nicht alles im deutschen Osten, aber das Werk ist im Großen und Ganzen doch gelungen. Die Bundeskanzlerin Angela Merkel schließlich, zehn Jahre lang verschrien als völlig emotionsfrei und visionslos, als Pragmatikern schlechthin, gab im Jahr 2015 ihrer Amtszeit eine unverhoffte Wende, als sie die Flüchtlingskrise anpackte mit dem Satz: »Wir schaffen das«.

Am zwiespältigen Verhältnis der Deutschen zu Anführern mit Visionen wird sich so schnell nichts ändern. Die Skepsis mag geschichtlich begründet sein, nicht umsonst gilt ja das Wort »Führer« als anrüchig. Es erinnert uns an Adolf Hitler, das »Dritte Reich« und ein sehr dunkles Kapitel in der deutschen Geschichte. Wir reden deshalb vom Anführer oder der Führungskraft, am besten gleich in Englisch vom »Leader«. Deshalb gilt sehr schnell als »typisch amerikanisch«, wer »Visionen« verkündet. Jürgen Klinsmann zum Beispiel, wir werden auf ihn später noch ausführlich zurückkommen, galt als »amerikanischer Guru«, als er 2004 seine Vision vom neuen deutschen Fußball verkündete und konsequent umsetzte. Bei der Weltmeisterschaft zwei Jahre später lag das ganze Land in einem Freudentaumel – begeistert vom Fußball, den Klinsmann spielen ließ. Aber die Anerkennung, die Klinsmann dafür verdient hätte, ist ihm niemals zuteil geworden. Noch heute halten ihn viele für einen Blender.

Geht es nicht um Politik und Sport, scheint die deutsche Abneigung gegen Visionen noch einmal zu wachsen.

Ein Unternehmen und Visionen? Lächerlich! Visionen, sagt man, das ist doch höchstens etwas für Marketing- und PR-Abteilungen, damit man in der Außendarstellung eine gute Geschichte verkaufen kann. Aber intern geht es um ganz andere Dinge. Ein Unternehmen ist doch dazu da, Angestellte anzuleiten, zu optimieren, zu restrukturieren, um die Konkurrenten zu übertrumpfen und die Konsumenten von sich abhängig zu machen?

Um es ganz deutlich zu sagen: Wir finden diese Sicht auf die Wirtschaft hochgradig zynisch. Sie unterstellt, dass Angestellte in einem modernen Unternehmen als ferngesteuerte Maschinenmenschen ihr Leben verbringen – und dass sie, wenn sie im Unternehmen einer Vision folgen, nicht effizient sind.

Meiner Überzeugung nach kommt es in einem Unternehmen erst in dritter Linie darauf an, *was* wir tun. Und erst in zweiter Linie kommt es darauf an, *wie* wir es tun. Am Anfang steht die Frage: *Warum* tun wir etwas?

Martin Luther King hat seine berühmte Rede nicht mit dem Satz angefangen:

»I have a plan.«

Er hat die Rede auch nicht begonnen mit dem Satz:

»I have a budget« oder *»I have a process to abolish segregation. Do you want to follow?«*

Er hat angefangen, indem er das *Warum* erklärte. Mit einer Vision:

»I have a dream. I have a dream that black people and white people walk hand in hand.«

Der Traum, die Vision steht am Anfang.

Die meisten Unternehmen, die wir kennen, sind aber gerade in der umgekehrten Reihenfolge unterwegs. Ihnen geht es zunächst um das *Was*. Was stellen wir her? Wenige sprechen über das *Wie*. Was sind unsere unverhandelbaren Werte im Unternehmen, zum Beispiel Respekt, Offenheit, Freude, Disziplin. Solche Werte aber schaffen Identität.

Dazu eine persönliche Anmerkung. Als Familienvater versuche ich, Werte zu kommunizieren und zu leben. Ich weiß nicht, ob meine Kinder das gut finden, aber ich weiß, dass ich so die beste Chance habe, ihnen Identität zu geben und das Gefühl, dass die Jenewein-Family nicht einfach nur »irgendeine Familie« ist, sondern für etwas steht.

Was Unternehmen betrifft: Die allerwenigsten sprechen über das *Warum*, oder – wie man es in unserem Jargon formuliert – über den *Purpose*, den *Reason for Existence* einer Unternehmung, eines Bereichs, einer Abteilung oder eines Teams.

Simon Sinek hat hierzu viel Forschung betrieben und dazu sein Konzept des »*Golden Circle*« von *What, How and Why* erstellt. Auch wenn es nicht leicht ist, so ist es doch zentral, dass eine Führungskraft das Warum an den Anfang stellt. In der Finanzindustrie könnte das zum Beispiel das Motto sein: »Wir wollen Menschen helfen, Risiken zu bewältigen. Wir wollen sie vor Altersarmut bewahren«, in der Autoindustrie könnte es lauten: »*We enable people´s mobility*«, im Fußball: »Wir wollen Menschen begeistern.« Auf das Warum folgt das Wie und das Was, nicht umgekehrt.

Verfolgt das Unternehmen eine glaubwürdige Vision, vermittelt das den Mitarbeitern Energie und Leidenschaft. Wie formuliert man nun die Vision eines Unternehmens? Es empfiehlt sich, zuvor eine Standortbestimmung vorzunehmen. Dazu noch eine Matrix: Sie befasst sich mit der Energie, die in dem Unternehmen herrscht, und wurde von Heike Bruch und Sumantra Ghoshal entwickelt.

Auf der vertikalen Achse dieser Matrix wird folgende Frage abgebildet: Investieren die Beschäftigten Gefühle, Leidenschaft in das Unternehmen? Oder hat sich in dem Laden Lethargie breitgemacht?

Auf der horizontalen Achse gehen wir der Frage nach: Sind die Emotionen, ist die Energie auf ein gemeinsames Ziel hin ausgerichtet, arbeiten die Leute also zusammen, um das Unternehmen voranzubringen? Oder richten die Mitarbeiter ihre Energie gegeneinander?

So erhalten wir vier Kategorien von Energiezonen.

In der Kategorie rechts unten, der sogenannten *Comfort Zone* (wir nenne sie auch *Popcorn Zone*) befinden sich Unternehmen oder Teams mit wenig Energie, aber einem guten Miteinander. Hier lässt es sich gut leben. Hier finden wir häufig (Rück)Versicherungen, Pensionskassen, staatliche Betriebe. Hier ist es angenehm. Man misst typischerweise schwache positive Emotionen wie Ruhe, Zufriedenheit, Trägheit. Es handelt sich in der Regel um Unternehmen mit einem sicheren Geschäftsmodell, welche wenig Wettbewerb haben oder nicht um jeden Kunden kämpfen müssen.

In der Zone links unten finden wir Unternehmen mit lethargischen oder desillusionierten Mitarbeitern, die ihre wenige Energie dazu verwenden, sich gegenseitig mies zu machen. Wir befinden uns in der *Resignation Zone*. Als Beispiel könnte man die Dresdner Bank nach der Übernahme durch die Commerzbank im Jahr 2009 sehen. Es war kein Feuer mehr in dem Unternehmen, und es hatte sich das Bewusstsein festgesetzt: Wir sind nicht gut genug, wir wurden geschluckt. Andere Unternehmen aus der *Resignation Zone* sind Air Berlin oder auch BER, der Flughafen Berlin. Die Mitarbeiter haben schon länger aufgehört, an das Unternehmen zu glauben. An so einem Arbeitsplatz herrscht resignative Trägheit.

In unserer dritten Zone, der *Corrosive Zone* links oben, ist die Stimmung dagegen explosiv: Ein Unternehmen mit hoch motivierten, leidenschaftlichen Mitarbeitern ist in die Krise geraten. Wir finden starke negative Emotionen wie Wut, Angst, Schuldgefühle und Schuldzuweisungen. Die Leute führen Grabenkämpfe und machen einander das Leben schwer. Gleichzeitig herrscht jedoch eine hohe Identifikation mit dem Unternehmen. Man ist stolz, hier zu arbeiten, und gerade deshalb ärgert man sich über Fehlentwicklungen, was zu *Fingerpointing* und *Blaming* führt: Du bist schuld! Die Energie, die darauf verwendet wird, nennen wir »korrosiv«: zersetzend, zerstörerisch. Viele Jahre machte es den Anschein, dass die Deutsche Lufthansa per Definition in dieser Zone ist: großer Stolz und Identifikation mit dem Unternehmen und der Luftfahrt, aber intern ständige Reibereien. Bodenpersonal gegen Piloten oder Gewerkschaft gegen Management. In jüngster Zeit hat man allerdings den Eindruck, dass sich die Wogen langsam glätten und man mehr gemeinschaftlich als gegeneinander arbeitet.

Damit zur vierten Zone rechts oben, unserem Idealfall: die *Passion Zone*. Die Leute haben eine Vorstellung davon, was sie gemeinsam erreichen wollen, und sie verfolgen diesen Traum mit großer Energie.

Nun könnte man denken: In der *Comfort Zone* lebt es sich doch viel gemütlicher. Ich halte dagegen: In der komplexen und kompetitiven Wirtschaftswelt unserer Tage wird es nicht lange dauern, bis das Unternehmen in eine Krise gerät und in resignative Trägheit verfällt. Außerdem wäre es ein Trugschluss zu glauben, Menschen wollten den ganzen Tag in einem warmen Bad entspannen. Die meisten Menschen wollen sich ein Leben lang entwickeln, wachsen, besser werden in Dingen, die ihnen wichtig sind. Und das ist langfristig nur möglich in der *Passion Zone*. *Passion Zone* bedeutet eben nicht: Die Mitarbeiter arbeiten wie verrückt, und alle stehen vor dem Burnout. Nein: Man arbeitet gemeinsam mit Leidenschaft an einem großen Projekt, Prozess, Produkt.

Das Ziel von Unternehmen muss es also sein, die *Passion Zone* zu erreichen. Das ist auch die Voraussetzung dafür, aus den »*Lemons*«, »*Lone Wolfs*« und »*Happy Bears*« so viele »*Stars*« wie möglich zu machen. Die Leute brauchen ein gemeinsames Ziel, das es sich zu verfolgen lohnt. Sie brauchen eine Vision. Aber welche?

Heike Bruch und Sumantra Ghoshal (*A Bias for Action*, 2006) unterscheiden im Wesentlichen zwei Arten von Visionen.

1) Die romantische Variante: »*Winning the Princess*« respektive »*Winning the Prince*«.
2) Die kämpferische Variante: »*Killing the Dragon*«.

Hand aufs Herz: Worauf würden Sie lieber Ihre ganze Kraft verwenden? Würden Sie gemeinsam mit den Kolleginnen und Kollegen lieber die schöne Prinzessin/den schönen Prinzen erobern? Oder würden Sie doch lieber ins Gefecht ziehen und den Drachen töten, der Sie und Ihre Lieben aufzufressen droht?

Der leidenschaftliche Drachentöter findet sich natürlich vor allem unter Männern. Versucht man beispielsweise, hoch motivierte Autobauer in die *Passion Zone* zu lotsen, empfiehlt es sich, ihnen zunächst ein Feindbild vorzusetzen – vor allem dann, wenn in einem Unternehmen zerstörerische Energie herrscht.

Es ist ein offenes Geheimnis, dass der einstige BMW-Chef Eberhard von Kuenheim in München gern durch die Büros ging, um seine Manager anzustacheln: Verdammt, diese arroganten Daimler-Leute müsse man endlich plattmachen.

Und es ist ein ebenso offenes Geheimnis, dass vor einiger Zeit bei Audi diese Vision verfolgt wurde: »*Beat BMW!*« Lasst uns BMW schlagen!

Die Strategie, die Audi mit seiner Modellpalette verfolgt, scheint jedenfalls bestens zu der Vision zu passen: Dem BMW 3er setzte man den Audi A4 entgegen. Dem BMW 5er den Audi A6. Dem BMW 7er den Audi A8. Dem X3 den Q5, dem X5 den Q7. Und so weiter.

Männlich-kindisch, so etwas? Keineswegs. Die Organisation bekommt durch so ein Vorgehen Richtung und Klarheit. Und wenn der Rivale als nervig empfunden wird, dann bekommt das Unternehmen auch Energie.

Killing the Dragon: Die Vision weckt den Überlebensinstinkt, der in uns steckt. Und sie aktiviert ein Unternehmen schneller als das Werben um Prinzessinnen und Prinzen.

Das Unternehmen sollte allerdings nicht schon in die *Resignation Zone* gefallen sein, sonst sagt der Mitarbeiter dem Manager: »Lass mich mit deinem Drachen in Frieden, ich habe schon lange aufgegeben.«

Die *Dragon*-Strategie, wie Heike Bruch sie nennt, hat außerdem den Nachteil, dass sie eine sehr einseitige Sicht auf die

Welt vermittelt. Es geht immer nur um den Feind, und mit der Zeit entwickelt man dabei Scheuklappen und fokussiert sich so sehr auf den Gegner, dass man nicht mehr sieht, was darüber hinaus passiert und welche anderen Entwicklungen für das Unternehmen von Bedeutung sind.

Die Automobilindustrie ist auch dafür ein gutes Beispiel. Ist es wirklich noch zeitgemäß, wenn BMW, Audi und Daimler sich aneinander orientieren, wenn VW mit Toyota um die Vorherrschaft kämpft? Sind in der digitalen Welt nicht längst Tesla, Google, Didi oder Uber die wahren Gegner? Sollte man nicht, statt die Anzahl der verkauften Autos zu vergleichen, aus einer Position der Stärke heraus die Mobilität der Zukunft entwickeln? Das wäre eine Prinzessinnen/Prinzen-Strategie und würde ganzheitliche Lösungen zulassen. Für die Prinzessinnen/Prinzen-Herangehensweise spricht auch, dass kein Mensch ein Leben lang gegen eine Bedrohung kämpfen will. So etwas macht depressiv!

Allerdings ist es nicht gerade trivial, schnell mal eine Prinzessin zu definieren, die jeder in der Organisation attraktiv findet. Ein Feind ist leichter aufzubauen als eine Geliebte. Eine Frau, die der eine attraktiv findet, findet der andere langweilig. Das ist auch ein Grund, warum viele Unternehmen und Führungskräfte einfache Zahlen als Prinzessin hochstilisieren. Siemens hatte die Idee: »Wir wollen das erste deutsche Unternehmen mit einem Umsatz von mehr als 100 Milliarden Euro sein.« BMW wollte einst »*Number One*« werden, VW der größte Automobilbauer der Welt. BASF nahm für sich in Anspruch: »Wir sind das Chemieunternehmen, das erfolgreich in allen wichtigen Märkten ist.« Solche Zielgrößen sind attraktiv für Controller oder den Aufsichtsrat, berühren aber nicht unbedingt die Seele der Menschen.

Welche Vision aber berührt wirkliche alle? Zielgrößen können durchaus helfen, das Potenzial des Einzelnen und der ganzen Organisation zu aktivieren. Viel wichtiger jedoch ist die Frage: Was gibt das Unternehmen der Gesellschaft? Wem oder welchem Anliegen dient es auf lange Sicht? Um was wäre die Welt ärmer, wenn es dieses Unternehmen nicht mehr gäbe? Das sind Fragen, die sich im Zuge der Profit- und Shareholder-Value-Maximierung nur wenige Führungskräfte gestellt haben, die aber auf lange Sicht für nachhaltigen Erfolg entscheidend sind.

Unternehmen sind dazu da, den Menschen und der Gesellschaft zu dienen. Den Konsumenten und den Mitarbeitern. Der Gedanke sollte am Anfang jeglichen Unternehmertums stehen. Und daran sollte sich auch die Vision orientieren, die das Unternehmen verfolgt. Eine Bank hätte zum Beispiel einen guten Ansatzpunkt in dem Ziel: »Wir wollen Menschen durch eine gute Vermögensanlage vor Altersarmut schützen. Wir helfen Menschen, beim Bau eines Eigenheims die finanziellen Risiken zu meistern. Wir bringen durch unsere Kreditvergabe Prosperität in eine ganze Region.«

Entscheidend ist am Ende aber die Frage, ob so eine Vision in der Organisation wirklich gelebt wird. Spricht das Topmanagement nur darüber, oder werden tatsächlich Entscheidungen getroffen, die beweisen: Dieses Unternehmen meint es ernst mit seiner Vision! Die sind auf einer Mission!!

Wir haben zum Beispiel mit Sonova zusammengearbeitet, dem Weltmarktführer für Hörgeräte. Geräte bauen, die den Menschen die Fähigkeit zu hören wiedergeben – das ist an sich schon ein sehr starker Unternehmenszweck, und es ist offensichtlich, was dieses Unternehmen der Gesellschaft gibt. Trotzdem hatten die Mitarbeiter nicht immer den Sinn ihres Tuns im Auge. Man überlegte deshalb: Wie können wir unsere Vision so klarmachen, dass sie die Menschen emotionalisiert und aktiviert?

Nach vielen Gesprächen wurde am Ende ein Imagefilm gedreht. Zu sehen ist ein tauber Säugling, der zum ersten Mal ein Hörgerät angelegt bekommt. Das Baby schaut erst verwundert, dann fängt es an zu giggeln. Rührend. Herzzerreißend schön. Die Mitarbeiter hatten Tränen in den Augen. Die Vision dazu: »Wir wollen eine Welt schaffen, in der jeder in den Genuss des Hörens kommen und so ohne Einschränkung leben kann.«

Der Film und das Vision-Statement machten in der Firma die Runde. Die Mitarbeiter erkannten: Dafür leben wir.

Manchmal ist es ganz einfach.

Tom Sawyer und das magische Dreieck

Nein, Tom wollte nicht schwimmen gehen an diesem wunderschönen sonnigen Tag. Da konnte sein Freund Ben ihn noch so sehr locken: Tom wollte unbedingt den Gartenzaun von Tante Polly streichen. Denn schwimmen gehen könne man an jedem beliebigen Tag, sagte Tom, aber den Zaun von Tante Polly könne man nur einmal im Jahr streichen – eine überaus verantwortungsvolle Aufgabe, die großen Spaß mache und der nicht jeder gewachsen sei. Da wurde Ben neidisch. Ob er auch einmal dürfe? Tom zierte sich. Er rückte den Pinsel erst heraus, als Ben ihm einen Apfel schenkte. Das Ende vom Lied: Tom saß im Schatten, genüsslich den Apfel kauend, während Ben im Schweiße seines Angesichts, aber voller Stolz den Zaun strich.

Und so hat der schlaue Tom, ein Menschenkenner ersten Ranges, in dem Roman von Mark Twain (*Die Abenteuer des Tom Sawyer*) wahre Schätze verdient an diesem Samstagnachmittag. Nach dem Wunsch seiner Tante Polly hätte er selbst mit voller Hingabe arbeiten sollen, am Ende des Tages hatte er jedoch nichts anderes getan, als Lohn fürs Nichtstun zu kassieren. Ein gut erhaltener Drachen, eine tote Ratte, zwölf Murmeln, eine blaue Glasscheibe zum Durchschauen, ein Apfel und vieles mehr gehörten ihm am Ende. Denn immer mehr Jungs aus der Nachbarschaft baten ihn, doch auch diesen Zaun streichen zu dürfen – weil Tom die Tätigkeit mit Sinn aufgeladen hatte.

Ich erzähle den Managern diese Geschichte immer wieder, denn sie eignet sich glänzend, um transformationale Führung zu verstehen. Tom hat seinen Freunden das Gefühl gegeben, Teil eines wichtigen Projekts zu sein, hat ihre intrinsische Motivation geweckt, hat ihre Leidenschaft für die Arbeit entfacht. Und interessanterweise war er zuvor mit dem Versuch transaktionaler Führung gescheitert: Seinem Freund Jim hatte er eine blaue Murmel versprochen, falls der ihm die Arbeit abnehmen würde, doch der lehnte ab.

Es lohnt sich also, die Leidenschaft der Mitarbeiter für das gemeinsame Projekt zu wecken. Aber natürlich lassen sich an Tom Sawyer auch die Grenzen des Fanwesens erkennen: Dem sympathischen Schlitzohr Tom wird man nachsehen, dass er seine Freunde einmal übers Ohr gehauen hat – doch langfristig würde das »Geschäftsmodell Tom« wohl nicht funktionieren. Denn Mitarbeiter lassen sich nicht auf Dauer zum Narren halten. Auf der Basis von Lug und Trug lässt sich kein Unternehmen führen. Was die Geschichte mit Tom Sawyer jedoch sehr gut zeigt, ist die Kraft, die die Vermittlung von Sinn entfaltet.

Jede Führungskraft sollte sich überlegen, was der übergeordnete Zweck der Aufgabe, des Projekts oder des Prozesses ist. Wer das erkannt hat und das ebenso authentisch vorleben kann, der wird Mitarbeiter aktivieren und sogar transformieren können.

Die Methode Tom Sawyer muss ihren richtigen Platz haben in der Führungskultur eines Unternehmens. Deshalb müssen wir an dieser Stelle noch einmal einen Ausflug in die Theorie unternehmen: Transformationale Führung oder transaktionale Führung bezeichnen wir als »direkte Führung«. Direkt, weil es hier einen direkten Austausch zwischen Führungskraft und Geführtem gibt. Was aber viele Führungskräfte vergessen, ist das Aufbauen einer organisationalen Führung. Diese bezeichnen wir als »indirekte Führung« oder auch als »Rahmen«, in dem die direkte Führung stattfindet.

Die organisationale Führung besteht aus vier Elementen: Vision, Strategie, Organisation, Kultur. Zeichnen wir die Elemente schematisch auf, so bildet die Strategie die obere Spitze eines Dreiecks, das auf den Ecken Organisation und Kultur steht. Über der Strategie steht wie eine Sonne die Vision. Wir sprechen deshalb, obwohl es sich um vier Elemente handelt, vom »Magischen Dreieck der Führung«.

Die Vision gibt dem System Richtung und Energie. Die Strategie muss natürlich an der Vision ausgerichtet werden, denn sie ist nichts anderes als der Plan, um die Vision umzusetzen. Leider wird das in der Praxis selten beachtet. Meist entwickelt man die beiden Dinge unabhängig voneinander. Ich werde in dem Zusammenhang nie das Gespräch mit einem Topmanager eines internationalen Konzerns vergessen. Er gab mir die Unternehmensvision zu lesen, anschließend fragte ich ihn nach der zugehörigen Strategie. Nach deren Lektüre fragte ich den Manager, wie denn bitteschön die Vision mit der Strategie in Verbindung stehe. Seine Antwort: »Ganz ehrlich, die Vision ist für Marketing und PR, und die Strategie ist das, was wir tun.«

Eine Vision, die nur für die Außendarstellung verwendet wird, ist nutzlos und auf lange Sicht sogar kontraproduktiv, weil Mitarbeiter und Kunden spüren, dass es sich nur um Worthülsen handelt. Die Vision sollte also die tatsächliche Basis der Strategie bilden.

Ebenso wichtig ist es, dass die Organisation auf die Strategie abgestimmt wird. Auch hier erlebe ich sehr häufig Unternehmen, die zwar eine Vision und vielleicht daran ausgerichtet eine Strategie haben – aber beides wird dann der bestehenden Organisation einfach übergestülpt. Das kann auf lange Sicht ebenfalls nicht gutgehen. Es ist, um eine Analogie aus dem Sport zu verwenden, wie Tennisspielen mit Handschellen. Führungskräfte müssen ihren Mitarbeitern organisatorische Unterstützung bieten, damit diese die Strategie umsetzen können. Das beginnt mit den richtigen Zuständigkeiten, den passenden Beratern und Experten, dem angemessenen Berichtswesen und reicht bis hin zur Gestaltung der Büroräumlichkeiten.

Wir empfehlen hier oft eine sogenannte *Stop-*, *Start-*, *Keep-doing*-Übung. Dabei sitzt das Management zusammen und diskutiert vor dem Hintergrund der neuen Vision und der neuen Strategie: Was sollten wir in der Organisation aufhören zu tun (*stop*), was sollten wir neu beginnen (*start*), was sollten wir weiter beibehalten (*keep doing*), um Vision und Strategie Wirklichkeit werden zu lassen?

Das nennt sich auch »Frühjahrsputz« – weil sich über die Jahre hinweg so viele Projekte und Prozesse, Regeln und Vorschriften angesammelt haben, die keinerlei Nutzen bringen, ja vielleicht sogar dem Unternehmen schaden. Auch den Begriff »*Game Changer*« verwendet man für diese Aktionen, weil sie den Mitarbeitern zeigen, dass Vision und Strategie nicht nur Hochglanz-Absichtserklärungen sind.

Der letzte Bereich der indirekten Führung betrifft das Thema Kultur. Diese Kultur ist ein schwer zu fassendes Konstrukt. Es geht um Werte, Verhaltensweisen, Rituale, Normen, Traditionen einer Organisation. Mehr oder weniger alles, was wir tun, sagen oder entscheiden, ist kulturprägend. Aufgabe von Führungskräften ist es, eine positive, konstruktive, offene Kultur zu schaffen. In diesem Bereich gibt es noch viel zu tun. Viele Organisationen haben durch ständige Reorganisation, Prozessoptimierung, Kostenreduzierung und Entlassungen die Unternehmenskultur nachhaltig beschädigt und die Mitarbeiter enttäuscht. Immer wieder unterschätzen Führungskräfte, wie wichtig die aktive Pflege der Unternehmenskultur ist und sind überrascht, wenn die neue Vision, die neue Strategie und die Anpassungen der Organisation nicht angenommen werden.

Hier gilt der berühmte Satz des Ökonomen Peter Drucker: »*Culture eats strategy for breakfast.*« Die Kultur vertilgt die Strategie zum Frühstück.

Oft sind es kleine Dinge, welche die Kultur eines Unternehmens befördern können, einfache Rituale. In einem mir bekannten Vertriebsunternehmen zum Beispiel gibt es eine große Schiffsglocke. Wann immer ein bedeutender Deal über die Bühne geht, wird sie geläutet, und alle Mitarbeiter kommen zu einem informellen Treffen zusammen – dann wird der Erfolg bei Getränken und kleinen Häppchen gefeiert, und es gibt informellen Austausch. Bei einem anderen Unternehmen, das seinen Hauptsitz an einem

See hat, hat man es zum Ritual gemacht, dass wann immer jemand zur Führungskraft befördert wird, er oder sie in den See springen muss. Ins kalte Wasser also. Lustigerweise führte das dazu, dass Mitarbeiter vermehrt im Winter befördert wurden. Rituale schaffen und prägen die Kultur eines Unternehmens.

Das magische Dreieck der indirekten Führung bestehend aus Vision, Strategie, Organisation und Kultur wird dann magisch, wenn die einzelnen Elemente einfach und für die Mitarbeiter verständlich dargestellt sind, wenn sie miteinander verbunden sind und wenn alle Maßnahmen entlang der vier Elemente getroffen werden. Ein solches Vorgehen gibt Richtung und führt dazu, dass die Mitarbeiter sich mit dem Unternehmen identifizieren. Die indirekte Führung ist sozusagen die Karosserie, der Rahmen, welcher die Ausrichtung von Führung sicherstellt. Die direkte Führung wäre dann der Motor, welcher die Mitarbeiter über die direkte Ansprache der Führungskräfte aktiviert.

Jürgen Klinsmann zum Beispiel hat vor der Weltmeisterschaft 2006 die Fußballnationalmannschaft geradezu lehrbuchmäßig neu aufgestellt.

Die Vision: Weltmeister werden im eigenen Land. Jedes Kind soll wieder stolz auf diese Mannschaft sein.
Die Art der Vision: *Winning the Princess*!
Die Strategie: offensiver, risikoreicher Tempofußball.
Die Organisationsstruktur: Leute auf neuen Positionen, die neue Impulse geben und den Spielern helfen, die Strategie umzusetzen: Konditionstrainer, Taktiktrainer, Psychologen.
Die Kultur: *Social Glue*. Das Wir. Das Wir vor dem Ich. Das Miteinander. Alle gemeinsam – die Mannschaft.

Ein Unternehmen braucht erst einmal ein Gerüst, Begriffe und Bilder, anhand derer man sich verständigt: Vision und Strategie, Organisation und Kultur. Transformationale Führung. *Winning the Princess. Killing the Dragon. Comfort Zone, Passion Zone.* Wenn alle Führungskräfte in einem Unternehmen wissen, wovon die Rede ist, dann ist das schon einmal ein Fortschritt. Aber dann kommt es darauf an, die Begrifflichkeiten im Alltag umzusetzen. Die transformationale Führung zu leben. Denn Führung ist keine Frage der Position, sondern der Persönlichkeit. Der Haltung. Wer führen will, muss ein Vorbild sein und sich hineinfühlen können in andere Leute.

Damit kommen wir nun zum Kern der Führung, den alltäglichen Umgang mit den Mitarbeitern. Als Leitlinie halten wir den Managern die sogenannten vier Is vor Augen. Viermal I, das ist aus unserer Sicht die Voraussetzung für gute Führung.

Identifizierend: Die Führungskraft sollte als Identifikationsperson wirken, Enthusiasmus vermitteln und integer handeln. Glaubwürdigkeit ist das höchste Gut eines Anführers. Was ist zum Beispiel von dem vormaligen Bahnchef Mehdorn zu halten, der in einem Interview erklärte, Bahnfahrten über vier Stunden seien eine Tortur, oder von dem ehemaligen Ford-Chef Alan Mulally, der bekannte, einen Lexus LS 430 zu fahren, weil dies das beste Auto der Welt sei? Wirkt das identifizierend für seine Mitarbeiter? Wohl eher nicht. Führungskräfte müssen als Vorbilder angenommen werden. Ein positives Beispiel ist hier der ehemalige Puma-Chef Jochen Zeitz, der zu allen Veranstaltungen in Puma-Sneakers erschien. Das sorgte bei Galadinner für großes Aufsehen und sprach sich schnell unter den Mitarbeitern herum.

Nur eine kleine Geste, aber sie hat viel bewirkt. Damit solche Gesten auch ankommen, braucht ein Anführer starke Werte – einen Charakter. Das Wort kommt aus dem Griechischen und lässt sich mit »prägend« übersetzen. Wenn ein Anführer mit starken Werten ein Unternehmen prägt, wirkt er identifizierend.

Inspirierend: Die Führungskraft sollte mittels einer fesselnden Vision ihre Leute immer wieder aufs Neue motivieren. Sie kann dies mit Videos, Bildern, Ritualen, Anekdoten tun. Wichtig ist vor allem, die Mitarbeiter emotional zu aktivieren und auf das gemeinsame Ziel einzuschwören. Häufig werden solche Mittel in der Beratung von Spitzensportlern verwendet, aber die emotionale Aktivierung ist auch in der Wirtschaft höchst relevant. Sie sollten einmal sehen, wie euphorisch Manager reagieren, wenn man ihnen ein Video des DFB mit der Botschaft zeigt: Es kommt auf jeden an – deine Einstellung zählt bis zur letzten Sekunde.

Intellektuell: Der Leader muss alte Denkmuster aufbrechen, neue Einsichten vermitteln, Vertrauen geben, offen sein für Kritik und Anregungen, muss der Kreativität der Mitarbeiter vertrauen und ihr freien Lauf lassen. In unserer disruptiven Welt hat der Boss nicht mehr auf alle Fragen eine eigene Antwort. Er ist bei der Suche nach Lösungen auf sein Team angewiesen. Es geht also darum, weniger zu dozieren und mehr zu moderieren. Dieses Prinzip ist sowohl auf individueller als auch auf organisationaler Ebene von Bedeutung. Immer mehr Unternehmen laden deshalb ihre Mitarbeiter zu Lösungsprozessen ein. Ein typisches Beispiel: der sogenannte FedEx-Day.

Das Kurier- und Logistikunternehmen FedEx hatte einst versprochen, jeden Auftrag binnen 24 Stunden zu erledigen, und alle Mitarbeiter gebeten, Vorschläge zu entwickeln, wie das Versprechen umzusetzen sei. Das Echo war überwältigend: Denn eine intellektuelle Herausforderung ist für die meisten Menschen wichtiger als der materielle Lohn, der ihnen im Erfolgsfall in Aussicht gestellt wird. Deshalb veranstalten viele Unternehmen mittlerweile »FedEx-Days«. In dieselbe Kategorie fällt eine Idee von Daimler. In einem internen Netzwerk kann jeder Mitarbeiter jederzeit eine Idee zur Verbesserung des Unternehmens vorschlagen. Bekommt der Vorschlag genügend Unterstützer im internen Netzwerk, darf der Initiator die Idee umsetzen und wird mit einem großzügigen Budget ausgestattet.

Individuell: Die Führungskraft sollte auf jeden einzelnen Mitarbeiter eingehen und jeden individuell fördern. Wir plädieren dabei eindeutig für eine an den Stärken des Mitarbeiters orientierte Führung. Welcher Sinn soll darin liegen, sich in den Schwächen anderer Menschen zu verbeißen und sie um jeden Preis eliminieren zu wollen? So erzieht man die Menschen nur zum Mittelmaß. Es macht mehr Spaß und bringt mehr Erfolg, die Stärken noch stärker zu machen. Chefs müssen Meisterschaft ermöglichen, Exzellenz. In der Fußballsprache: Würde irgendjemand einen Weltklassetorwart kritisieren, weil er die ganze Saison über kein Tor geschossen hat? Individuelle Behandlung bedeutet, dem Mitarbeiter eine Aufgabe zuzuteilen, die seinen Stärken entspricht, und ihm dabei zu helfen zu wachsen, statt ständig auf seinen Fehlern herumzureiten. Die Grundvoraussetzung dafür ist natürlich: Der Leader muss seine Leute genau kennen.

Superman? Waschlappen?
Die Zweifel der Manager

Nun bringt es einen Manager nicht unbedingt voran, die vier Is auswendig zu lernen. Vielmehr muss der Schritt in den Alltag gelingen. Manager müssen sich auf solche Debatten erst einmal einlassen. Viele – selbst in großen Konzernen – sind noch niemals mit dem Thema konfrontiert worden. Sie mussten oft in der Not auf Chefposten springen, für andere Chefs die Kastanien aus dem Feuer holen, die Abteilung nach vorn bringen – und irgendwann sehr viel später dämmert ihnen die Frage: Wie gehe ich eigentlich mit meinen Leuten um? Was erwarten sie von mir? Wie werde ich eigentlich als Chef wahrgenommen? Wie wirke ich wohl auf meine Mitarbeiter?

Erstaunlicherweise orientieren sich viele Führungskräfte an ihren Erfahrungen aus dem Sport. Wir trafen in einem großen deutschen Konzern einen Abteilungsleiter, der zugleich einen Ruderverein führte und einzelne Boote trainierte. Es gibt kaum ein schöneres Bild für Teamwork als einen Achter: Acht Frauen oder Männer müssen im absoluten Gleichklang arbeiten, jeder muss an die persönliche Leistungsgrenze gehen – und doch muss jeder Einzelne im Team auf Fähigkeiten und Schwächen der Anderen Rücksicht nehmen. Sonst verliert das Boot Tempo und Balance.

Ein anderes Beispiel: Der Abteilungsleiter, 40 Jahre alt, Chef von mittlerweile 8 000 Leuten in einem großen Konzern, erzählte uns: Er habe seinen ersten Leitungsjob in sehr jungen Jahren ausschließlich aufgrund seiner Fachkenntnisse erhalten. »Wie wollen Sie mit Ihren Leuten umgehen?« Solche Fragen hätten beim Einstellungsgespräch überhaupt keine Rolle gespielt. Mit Mitarbeitern habe er sich bis dahin nicht im Geringsten befasst. Bis es zum ersten Konflikt kam. Und der Mitarbeiter ließ ihn nach allen Regeln der Kunst auflaufen. Unser Manager besorgte sich daraufhin einen Personal Coach und musste diesem völlig verwirrende Fragen beantworten: »Wie saß Ihnen Ihr Mitarbeiter gegenüber?« – »Arme verschränkt, Beine über Kreuz?« Er hatte keine Ahnung, er hatte nicht darauf geachtet.

»Wie hat Ihr Mitarbeiter zu Ihnen gesprochen?«, fragte der Personal Coach. Der Manager erzählte, *was* der Mitarbeiter ihm an den Kopf geworfen hatte. Aber darum ging es nicht, sondern: »Kurze Sätze, lange Sätze? Adjektive? Ruhiger Tonfall, erregter Tonfall, offener Blick, ausweichender Blick?« Unser Manager hatte wieder keine Ahnung.

Er habe damals gelernt, dass er »den Mitarbeiter als Mensch sehen« muss, um mit ihm umgehen zu können, sagte er uns. Eine vergleichsweise lapidare Erkenntnis, aber im Konzernalltag offenbar manchmal eine wahre Erleuchtung. Unser Manager musste später, mit einem riesigen Budget, ein Megaprojekt in kürzester Zeit umsetzen, mit einer von ihm selbst zusammengestellten Mannschaft. Er hat dabei gelernt, wie kostbar die Leidenschaft von Mitarbeitern ist, die sich verantwortlich fühlen für das gemeinsame Projekt. Und wie dankbar seine Leute waren für das Vertrauen, das er ihnen geschenkt hatte.

Den Menschen sehen. Leidenschaft. Vertrauen. So hatte sich der Manager einen Wertekanon zurechtgebastelt, ganz für sich allein. Er hat ihn mal mehr, mal weniger konsequent angewendet. Aber er hat an sich gearbeitet. Er hat über sich und sein Umfeld reflektiert und war bereit, einen Schritt in Richtung besserer Führung zu machen. Darauf kommt es an. Gutes

Leadership lernt man nicht an einem Tag zu 100 Prozent. Aber man sollte bereit sein, jeden Tag ein Prozent mehr davon einzusetzen.

Es gibt kaum einen Manager, der sich offen zu einem autoritären Führungsstil bekennt. Die meisten halten sich für gute, verständnisvolle Chefs. Und doch stößt man schnell an Grenzen, wenn man ihnen erklärt, warum sie sich entwickeln sollten. Zum Beispiel im Umgang mit der anspruchsvollen Generation Y.

»*I like, I don't like.* Was soll dieser Klick-Mist? Die jungen Leute verblöden doch bloß. Da findet kein Nachdenken mehr statt. Und auf die sollen wir uns einstellen?« – »Man kann die jungen Leute doch nicht alle über einen Kamm scheren. Es gibt unter ihnen auch sehr viele, die sind erzkonservativ, ja spießig.«

Die Verunsicherung ist groß unter den Führungskräften und der Widerstand gegen unsere Theorie der modernen Führung nicht gering. Ein Manager fragte einmal, nachdem er von den vier Is gehört hatte: »Muss ich jetzt Superman sein?«

Und die scheinbar gegensätzliche Frage hört man genauso oft: »Ist Fachkompetenz jetzt gar nicht mehr gefragt? Werden wir jetzt alle Waschlappen, die zu allen lieb sein müssen und nur noch Stärken fördern?«

Die Antwort: Nein, das ist nicht gemeint. Vielmehr geht es darum, die Mitarbeiter zu aktivieren, um gemeinsam die Herausforderungen in einer sich radikal wandelnden Welt zu meistern. Das ist eine große Herausforderung für Führungskräfte, die mit der Zeit gehen wollen: Sie müssen lernen, sich selbst infrage zu stellen. Das sind die wenigsten gewohnt.

Why should anyone be led by me? Warum sollte sich irgendjemand von mir führen lassen?

Niemand stellt sich gern infrage, auch ich selbst nicht. Wer als Wirtschaftsprofessor in St. Gallen einmal von den Studierenden mit dem »*Best Teacher Award*« ausgezeichnet worden ist, als bester Lehrender also, der wird stolz darauf sein, und der wird es nicht auf Anhieb verstehen, warum er in der folgenden Rangliste nicht mehr ganz oben steht. Die Studierenden sind auch nicht mehr das, was sie mal waren, wird er zunächst denken. Dann wird er nachfragen, und er wird es nicht leichtnehmen, wenn er hört:

»Herr Professor, Sie sind schon gut, aber Sie quatschen zu viel.« – »Herr Professor, Sie lassen nicht zu, dass wir während Ihrer Vorlesung das Notebook offen haben – Sie sind irgendwie: Old School!«

Selbst der Herr Professor, der transformationale Führung lehrt, schluckt da erst einmal, ehe die Selbsterkenntnis einsetzt. Jetzt hat er den Unterricht umgestellt. Er quatscht weniger. Er versucht jetzt, mehr gute Fragen zu stellen und eine Diskussion anzuregen. Das Notebook kann für die Recherche wertvoller Informationen in der Diskussion verwendet werden, plötzlich entsteht eine ganz andere Atmosphäre.

Muss man also Superman sein, um heutzutage Anführer sein zu können? Oder wird man gezwungenermaßen zum Waschlappen, wenn man versucht, transformational und positiv zu führen? Superman und Waschlappen: Hinter den beiden Vorurteilen gegen den emotionalen Anführer steckt der gleiche Zweifel: ob die Mitarbeiter einen Chef wirklich ernst nehmen, der ihnen menschlich kommt.

Die Antwort ist sehr einfach: Die Mitarbeiter werden einer Führungskraft vertrauen, wenn sie sich selbst vertraut, wenn sie Autorität ausstrahlt. Und dazu gehört, dass die Führungskraft kritische Fragen zulässt, auf Kritik an der eigenen Person nicht beleidigt reagiert, sondern bereit ist, sich immer wieder aufs Neue infrage zu stellen und weiterzuentwickeln.

Das ist der entscheidende, der schwierigste Schritt.

Herauszufinden:

Wer bin ich?

Wofür stehe ich?

Wie möchte ich als Führungskraft wirken?

Vom Krieger zum König

Um eine Antwort zu finden, hilft es, die Perspektive zu wechseln. Versuchen Sie es doch einmal selbst. Treten Sie eine Zeitreise an, versetzen Sie sich hinein in die Person, die Sie im Alter von zwölf Jahren waren. Welche Wünsche, Träume, Sehnsüchte, Ideale hatten Sie damals? Wie würde das Kind von damals den Menschen einschätzen, der Sie heute sind? Ein Spießer, angepasst, der jeden Kompromiss in Kauf nimmt, um seine Ruhe zu haben? Ein Killer, der über Leichen geht, um persönlichen Erfolg zu haben? Oder doch ein Mensch, mit dem man sich auch als Zwölfjähriger anfreunden könnte?

Oder treten Sie die Zeitreise nach vorn an. Wie werden Sie als 95-Jähriger das Leben einschätzen, das Sie jetzt gerade führen? Werden Sie bereuen? Oder werden Sie stolz sein, vielleicht stolz darauf, noch mit 40 oder 50 Jahren eine entscheidende Wendung vollzogen zu haben?

Fragen, Fragen, Fragen, die sich Führungskräfte in vielen Unternehmen heutzutage gefallen lassen müssen.

In unseren Seminaren bitten wir die Führungskräfte, sich unter den anderen Teilnehmern einen »*Best Buddy*« zu suchen und ihm Werte, Träume, Ideale anzuvertrauen. Schon das ist für manche eine Herausforderung, denn einen »besten Kumpel« haben viele Managerinnen und Manager im richtigen Leben nicht. Dabei ist erwiesen, dass das Burnout-Risiko steigt, wenn man im eigenen Unternehmen keinen Ansprechpartner hat, keinen Menschen, dem man sein Herz ausschütten könnte. Wer frustriert ist und wer verstummt, ist in Gefahr.

Bei solchen Spaziergängen mit dem *Best Buddy* diskutieren die Managerinnen und Manager dann über ihre Werte und Prinzipien: »Worauf kann ich mich verlassen, wenn ich mit dir arbeite, was sind die Prinzipien, die du nicht preisgibst, auch wenn der Chef noch so sehr auf dich einprügelt? Was legitimiert dich, anderen zu sagen, was sie tun sollen?«

Manche kommen von solchen Spaziergängen zurück und antworten: »Meine Legitimation, anderen etwas zu befehlen, ist, dass ich der Chef bin.« Das ist dann zumindest ehrlich. Aber natürlich keine tragfähige Haltung.

Später werden die Manager gebeten, eine Collage zu basteln. Sie bekommen zufällig ausgewählte Zeitschriften an die Hand, Schere, Kleber, große Papierbögen. Und dann sollen sie zeigen, was ihnen einfällt zu dem Thema: »Wer bin ich?«

Auch das ist eine Herausforderung. Collagen haben manche seit ihrer Kindheit nicht mehr gebastelt. Man bekommt dann manchmal wahre Kunstwerke zu sehen, dreidimensional sogar, wilde Gebilde aus Menschen und Landschaften in unauflösbarer Symbiose, scheinbar ohne jegliche Botschaft und doch Ausdruck einer Kreativität, die niemand erwarten würde zum Beispiel beim Leiter eines Instandhaltungstrupps.

Selbstverständlich bekommt man ebenso sehr strukturierte Botschaften in akkurater Schrift.

AUFBRUCH, dazu das Bild eines Ruderbootes auf einem See.

LEIDENSCHAFT, im Bild ein Rocksänger.

ZUVERLÄSSIGKEIT, das Bild einer Uhr.

NEUGIERDE, ein Eichhörnchen schaut sehr aufgeweckt.

OPTIMISMIUS, ein Fallschirmspringer schwebt hoch am Himmel.

Von all diesen Bildern und Texten führt ein Strich ins Zentrum der Collage. Dort steht: ERFOLG! Dazu geklebt das Bild eines Flugzeugs.

Die Idee dahinter: Manager, die im täglichen operativen Stress vielfach nur noch funktionieren, sollen die Möglichkeit erhalten, sich zu hinterfragen: Wer bin ich, und wohin will ich? Was sind meine Werte und meine Träume?

Solche Fragen stellen sich die meisten Manager nur sehr selten. Sie sind aber für eine erfolgreiche Führung entscheidend.

In solchen Fällen lohnt es sich nachzuhaken und den Abteilungsleiter zu fragen, wo er denn das Miteinander verortet in seinem Weltbild. Vertrauen, Gemeinschaft, Zusammenhalt. Seine Leute, sein Team. Kommen die gar nicht vor? Und nach längerem Zögern wird der Manager vielleicht von enttäuschten Hoffnungen erzählen, von Verletzungen, von Misstrauen, und warum er gelernt hat, seinen Weg lieber allein zu gehen. Und wenn sich so jemand vor versammelter Seminarrunde öffnet und sein Herz ausschüttet, ist es ein großer Schritt für den Einzelnen, aber auch für die ganze Gruppe. Denn dazu gehört unglaublicher Mut.

Wenn solche Managerinnen und Manager am Ende eines Seminars eine fiktive Rede an ihr Team halten, dann werden sie manchmal immer noch die Wendung »Ich will von euch ...« verwenden, aber sie werden meist von anderen Teilnehmern darauf aufmerksam gemacht, dass es heißen sollte: »Wir wollen gemeinsam …«

Solche Managerinnen und Manager werden hinterher zumindest überlegen, wie sie in ihrer Abteilung von Einzelvorgaben für ihre Mitarbeiter wegkommen und Teamziele formulieren können. Wie sie mit ihren Leuten eine Vision für die nächsten drei bis fünf Jahre entwickeln können, statt Zwölfmonatsplänen hinterherhecheln zu müssen. Ein Anfang ist gemacht.

Wie weit werden sie kommen mit ihrer neuen Offenheit? Werden die Mitarbeiter ihnen vertrauen?

Sie werden sich immer wieder auf eine Grundeigenschaft besinnen müssen, die man mit Führungskräften in der Wirtschaft nicht unbedingt in Verbindung bringen würde: Empathie.

Empathie:
Mögen Sie Menschen wirklich?

Wer führen will, muss Menschen mögen. Nach so einem Satz sieht man als Referent im Auditorium erst mal offene Münder. Dann setzt ein Gemurmel an, ein Gekicher. Führungskräfte fühlen sich manchmal peinlich berührt von dem Gedanken: Menschen mögen. Viele denken: Das weiß doch jeder, das ist doch banal. Aber wie soll das gehen in dem alltäglichen Krieg, den man in einem großen Unternehmen führt?

Es dauert dann immer eine Weile, bis sich die Spannung löst, bis der Alltagszynismus weicht. Nach einiger Zeit blickt man dann in befreite, lächelnde Gesichter. Na klar, wie einfach, fast schon vergessen, das stand doch mal ganz am Anfang, als man diese Aufgabe übernahm: Menschen mögen. Und nicht Zahlen, Ergebnisse.

Aber ist das überhaupt so, dass in Führungspositionen grundsätzlich Menschen anzutreffen sind, die anderen Menschen wirklich nahekommen wollen?

In der Praxis wird der beste Ingenieur zum Oberingenieur befördert, die beste Ärztin wird Oberärztin, der beste Arbeiter wird Vorarbeiter und der beste Assistent wird Oberassistent. Frauen und Männer steigen in Führungspositionen vor allem aufgrund ihrer Expertise und Fachkenntnisse auf, viel weniger beachtet wird aber, ob dieser Mensch auch andere führen und für gemeinsame Ziele begeistern kann. Die Folge: Diese Manager kümmern sich weiterhin vor allem um das Geschäft. Sich um Menschen zu kümmern, betrachten sie als Nebensache. Die Chefs dieser Chefs wiederum sind ebenfalls aufgrund fachlicher Kriterien aufgestiegen und sorgen sich nicht darum, ob ihr Sub-Chef mit Menschen kann.

Und deshalb sind viel zu viele Fachleute in der Hierarchie nach oben gelangt. Die Folge: Führung erfolgt über Fachexpertise und Inhalte. Wer mehr Fachexpertise hat, hat auch höhere Chancen, in der Hierarchie aufzusteigen. Bei Bosch sprach man lange Zeit vom »inhaltsorientierten Führen«. Der beste Experte in einem Gebiet wurde zur Führungskraft und sollte vor allem über Inhalte Menschen überzeugen.

Dabei müsste es genau anders herum sein: Je höher jemand in der Hierarchie aufsteigt, desto mehr müsste diese Person eigentlich andere Leute anleiten, ermutigen und zu Experten in ihrem Gebiet erziehen. Führungskräfte sollten die Alltagsschlachten nicht mehr selbst schlagen. Sie sollten vom Krieger zu einem benevolenten König werden. Ein wohlwollender König oder eine Königin schlägt nämlich nicht jede Schlacht selbst und steht nicht immer in erster Reihe. Vielmehr übergibt er oder sie Weisheit, Erfahrung und Wissen an sein Volk und seine Truppen, und hilft damit seinem Land zu wachsen. Mit dieser Haltung erzeugt er selbstbewusste neue Führungskräfte. Das ist die Idee: Wahre Leader erzeugen Leader, nicht Gefolgschaft.

Haben Sie ein genuines Interesse an Menschen? Können Sie mit Menschen umgehen? Können Sie eine Gruppe von Menschen entwickeln? Wollen Sie das wirklich?

Solche Fragen müssten am Anfang einer Unternehmenskarriere stehen, und wer solche Fragen mit einem Nein beantwortet, sollte dafür nicht bestraft werden. Die Unternehmen müssen meiner Überzeugung nach viel mehr Fachkarrieren ermöglichen, statt gute Fachleute, die aufsteigen wollen, in eine Führungsposition zu zwingen.

Nicht jeder gute Fachmann ist ein guter Leader, und nicht jeder gute Leader muss ein guter Fachmann sein.

Hier also nochmals unser Zauberwort: Empathie, ein guter Leader kommt ohne sie nicht aus. Seit mehr als 25 Jahren weisen Wissenschaftler immer wieder nach, dass es nicht unbedingt die Fachkompetenz ist, die den Anführern Autorität verleiht. Wer ein absoluter Crack auf seinem Gebiet ist, wird vielleicht bestaunt und bewundert – aber wenn der Crack sagt, wo es langgehen soll, werden ihm die Mitarbeiterinnen und Mitarbeiter nicht unbedingt folgen. Wer anführen will, braucht nicht nur die rationale Intelligenz, also die Fähigkeit, logische und vernünftige Entscheidungen zu treffen. Er braucht auch die sogenannte emotionale Intelligenz: die Fähigkeit, mit den eigenen Gefühlen und den Gefühlen anderer umzugehen. Selbstbeherrschung gehört zur emotionalen Intelligenz, vor allem aber die Fähigkeit, sich in andere Mitmenschen hineinfühlen zu können. Empathie.

Gefühle am Arbeitsplatz: »Hach«, werden Sie sagen, »ist das nicht Kindergarten?« Wissenschaftler haben einige Merkmale definiert, die empathische Chefs auszeichnen. Sie erkennen, wenn jemand im Team überarbeitet ist. Sie wissen um die Bedürfnisse, Hoffnungen, Träume der Menschen um sie herum. Sie sind bereit, bei persönlichen Problemen zu helfen. Sie zeigen Mitgefühl, wenn jemand in ihrem Team im Privatleben einen persönlichen Verlust erlitten hat.

Wissenschaftler haben auch Leitlinien für Unternehmen entwickelt, um das Empathievermögen der Managerinnen und Managern zu fördern. Die Unternehmen sollen erst einmal Bewusstsein schaffen für den Wert emotionaler Führung, sie sollen den Managerinnen und Managern beibringen, wie man zu einem guten Zuhörer wird: auf nonverbale Signale achten, Gesprächsinhalte zusammenfassen, persönliche Beziehungen herstellen. »Was Sie mir da erzählen, habe ich auch schon erlebt.«

Geht Empathie wirklich so einfach? Ich habe da meine Zweifel.

Empathie lässt sich erlernen, sagt die Wissenschaft. Aber ich würde hinzufügen: Empathisches Verhalten kann man lernen bis zu einem gewissen Grad. Wer Mitgefühl nur vorheuchelt, hat auf Dauer keine Chance. Wer als »Menschenversteher« auftritt, weil es gerade nützlich ist, wird ganz schnell als Blender auffliegen. Empathie muss in der Unternehmenskultur verankert sein, und Empathie muss letztlich auch in einem Menschen angelegt sein.

Stellen Sie sich vor, Sie sind Chefin oder Chef, und ein Mitarbeiter fängt an, bei Ihnen im Büro zu weinen. Stress in der Arbeit,

Scheidung zu Hause, der Alltag wächst ihm über den Kopf, es wird ihm einfach alles zu viel. Wie reagieren Sie? Ganz ehrlich?

Ist Ihnen die Situation peinlich? Halten Sie den Kerl für eine Heulsuse, der sich endlich mal einkriegen soll? Oder haben Sie sofort im Kopf: »Das ist sicherlich nicht so schlimm, ich gebe ihm schnell ein paar Durchhalteparolen mit.« Oder brechen Sie das Gespräch ab und vertagen es auf ein andermal, weil der nächste Termin auf Sie wartet?

Oder werden Sie traurig? Spüren den Kloß im Hals? Kriegen Sie vielleicht sogar selbst feuchte Augen? Sagen Sie die folgenden Termine ab, um sich Zeit zu nehmen?

Es ist meine feste Überzeugung: Nur wer mit dem anderen fühlt, wer im Zweifelsfall auch mit ihm weinen kann, kann eine gute Chefin oder ein guter Chef sein. Viele Leader lassen dieses Gefühl nicht zu, weil sie sich nicht trauen, weil sie voll sind mit Terminen und Vorurteilen – oder weil sie das ganz einfach nicht können. Um mit dem anderen zu fühlen, braucht man die Fähigkeit, sich selbst leer zu machen, seinem Gegenüber ohne Vorurteile, ohne Wertungen begegnen zu können. Wer über diese Fähigkeit nicht verfügt, sollte keine Chefin, kein Chef werden.

Empathisch sein bedeutet nicht, mit dem weinenden Mitarbeiter sofort einen Ausweg zu suchen. Häufig hilft ein mitfühlendes »Ich kann verstehen, was Sie mir sagen – ich weiß im Moment nicht, was ich sagen soll, aber ich bin sehr dankbar, dass Sie diese sehr persönliche Sache mit mir teilen.« mehr, als eine Lösung für das Problem anzubieten. Führungskräfte sind im Kern eigentlich Brandlöscher. Sie sind es gewohnt, für jedes Problem eine Lösung zu haben. Schließlich ist das ja auch ihr Job als Manager. Deshalb fällt es ihnen so schwer, empathisch zu sein und einfach nur zuzuhören.

Wer Leute führen will, muss sich also in andere Leute hineinversetzen können, muss zugleich aber auch Vertrauen ausstrahlen: Dieser Mensch nimmt mich ernst, dieser Mensch versteht mich, dieser Mensch hilft mir und steht zu mir, komme, was da wolle.

Auch mal weinen können

Ist das also die Zukunft unserer Wirtschaft: Managerinnen und Manager, die mit uns weinen, die uns tröstend und ermutigend in das Land führen, wo Milch und Honig fließen? Jeder nach seinen Fähigkeiten, jeder nach seinen Bedürfnissen, und keiner hat mehr Stress im Job?

Schön wäre es. Die Wahrheit ist: In der globalisierten, dynamischen, komplexen, von Internet und sozialen Netzwerken geprägten Wirtschaftswelt werden wir vielleicht noch härter arbeiten müssen als bisher. Und natürlich kann kein Unternehmen auf Fachkompetenz verzichten, im Gegenteil. Aber fachkompetente Manager, die nur über Inhalte führen, werden Unternehmen langfristig in den Untergang führen.

Der VW-Skandal um gefälschte Abgaswerte ist eines von vielen Signalen in der heutigen Wirtschaftswelt dafür, dass die Unternehmenskultur in vielen Organisationen von Angst und mehrheitlich widerspruchsfreien Zusammenarbeiten geprägt ist. In einer VUKA-Welt wird es aber künftig eher mehr als weniger zu diskutieren geben. Es gibt keine einfachen Lösungen, und darum müssen Mitarbeiter auch mal sagen können: »Wenn wir so weitermachen, sind wir auf dem Holzweg – wir müssen umdenken.«

Diese Aussage klingt ganz einfach und vernünftig. Aber sie ist doch unendlich schwer zu artikulieren in einer Wirtschaftswelt, in der Manager sich Gefühle teilweise abtrainiert hatten.

»*Never let yourself go in public.*« Das ist so ein Spruch, den viele inhaltorientierten Führer bestimmt unterschreiben würde. Lass dich niemals in der Öffentlichkeit gehen, zeig keine Schwächen, komm den Mitarbeiterinnen und Mitarbeitern nicht zu nah, sonst kannst du keine unangenehmen Entscheidungen mehr treffen. Du machst dich unglaubwürdig. Und stell dir vor, du würdest vor versammelter Mannschaft gar in Tränen ausbrechen. Dann kannst du dich gleich verabschieden, denn niemand wird dich mehr ernst nehmen. Oder?

Ich durfte in ziemlich jungen Jahren die Topmanager eines deutschen Großkonzerns zum Thema der transformationalen Führung schulen. Das war eine sehr intensive Erfahrung. Am Ende hielt ich eine Rede vor allen Managern, im Raum waren ebenso die sechs Konzernvorstände. Ich berichtete von meinen Erfahrungen, von den vielen bewegenden Gesprächen, die wir gemeinsam geführt, von den vielen persönlichen Begegnungen und vom gemeinsamen Weg, den wir zurückgelegt hatten.

Und ja: Plötzlich kamen mir die Tränen. Ich konnte nicht mehr weitersprechen. Im ersten Moment ist das eine sehr gruselige Erfahrung. Mir gingen Gedanken durch den Kopf wie: Mach ich mich gerade unmöglich? Was werden die jetzt von mir denken? Was ist nur los mit mir? Jetzt reiß dich doch zusammen.

Tatsache ist: Alle im Auditorium begannen zu klatschen, sie haben mir über diesen unendlich langen Moment geholfen. Hinterher gab es ausufernde Diskussionen nach dem Motto: »So etwas hat es ja noch nie gegeben.« Bestimmt dachten einige: »Was ist dieser Herr Jenewein denn für ein komischer Vogel, der muss ganz massive Probleme haben, wenn ihm vor Managern die Tränen kommen.« Aber die meisten haben mir gratuliert zu dem Mut, Emotionen zu zeigen. Sie meinten, es passte zur Rede und zur Situation und hat das Gesagte noch eindrücklicher gemacht. Ich weiß nicht, ob sie mich nur trösten wollten, aber zumindest wussten sie nun, dass sie nicht irgendeinen Zyniker vor sich hatten, der nur theoretisiert, aber seine Inhalte selbst nicht lebt. Sogar der Aufsichtsratsvorsitzende hat mich einige Tage später angerufen und mir Respekt gezollt. Er berichtete mir, er sei auch einmal in aller Öffentlichkeit in Tränen ausgebrochen, habe sich geschämt dafür, aber nur positive Rückmeldungen erhalten. »Wo kommen wir denn hin«, sagte er, »wenn wir einen Mitarbeiter nach 30 Jahren in den Ruhestand verabschieden und dabei nicht ein wenig gerührt sein dürfen?«

Eine zeitgemäße Führungskraft sollte vorausgehen können. Sie sollte in der Lage sein, dem Team eine Vision vorzuleben, sollte durch ihr Vorbild den Zusammenhalt im Team stärken. Solch ein Leader macht jeden Einzelnen im Team besser und scheut sich nicht, Aufgaben und Verantwortung zu übertragen.

Aber ein moderner Anführer muss auch mit seinen Leuten weinen können. Wenn ich die Empathie in den Vordergrund stelle, so deshalb, weil ich hier die größten Defizite bei deutschen Managerinnen und Managern sehe.

Bei transformationaler Führung geht es natürlich nicht darum, dass sich alle gemeinsam wohlfühlen. Transformationale Führung ist keine Wohlfühloase, sondern ein Fitnessklub. Manager und Mitarbeiter sollen gemeinsam Ziele erreichen. Und deshalb ist es keinesfalls so, dass die Führungskräfte den Großteil ihrer Zeit mit den Mühseligen und Beladenen ihrer Abteilungen verbringen sollen. Das wäre der naheliegende menschliche Reflex, und so verhalten sich dementsprechend viele Chefs: Wer mehr Probleme hat, bekommt auch mehr Zuspruch.

In Deutschland und der Schweiz sind viele Chefs Kümmerer. Sie kümmern und kümmern sich, bis das ganze Team verkümmert. Bei BMW zum Beispiel wurde für Langzeitkranke ein Wiedereingliederungsgespräch mit dem Chef eingeführt. Das führte dazu, dass es plötzlich ganz viele Langzeitkranke gab, weil alle ein persönliches Gespräch mit dem Chef haben wollten.

Eine gute Führungskraft geht mit der Energie, sie stärkt Stärken und fördert die *High Performer* im Team. In existenziellen Fragen, einem Trauerfall in der Familie etwa, ist Zuspruch eine Selbstverständlichkeit. Aber eine Führungskraft, die grundsätzlich mehr Zeit mit Leuten verbringt, die sich über dieses oder jenes beklagen, die nicht so recht mithalten mit dem Tempo des Teams – die setzt falsche Anreize. Der *Star* des Teams denkt sich dann vielleicht: Muss ich halt auch kompliziert und nörgelig werden, damit ich Gehör beim Chef finde.

Ich plädiere für einen empathischen Führungsstil, der sich an den Stärken jedes Einzelnen und des Teams insgesamt orientiert. Die Führungskraft soll nicht Schwächen ausbügeln, dabei geht zu viel Zeit und Energie verloren. Wenn einer nicht rechnen kann, dann kann er vermutlich besser reden, also muss man dieses Talent fördern und zur Exzellenz führen. Und die Rechnerei erledigt eben das Mathe-Genie im Team. Es muss in einem Team nicht jeder alles können. Die Stärke des Einen bügelt die Schwäche des Anderen aus. Und ein Chef muss einem Mitarbeiter umso mehr Zeit widmen, je wichtiger er für das Team ist. Leistungsträger bringen Dynamik in den Laden, wirken als Vorbilder, treiben das Team voran. Ein Chef sollte primär ein Energie-Manager sein und weniger eine Kummerbox oder ein Problemlöser.

Erfolgreiche Trainer von Hochleistungsteams beherzigen das auch. Klar, jeder im Team verdient den gleichen Respekt, die gleich Ehrlichkeit und die gleichen Chancen, aber wenn es darum geht, wo der Trainer seine Zeit einsetzt, dann mehrheitlich dort, wo die Energie ist. Ein Trainer des FC Bayern München wird mehr Zeit mit Robert Lewandowski, Manuel Neuer und Thomas Müller verbringen als mit der Nummer 16 und 17 im Kader. Natürlich wird er ebenso versuchen, die Ersatzspieler jeden Tag besser zu machen, aber die Leistung und das Vorbild von Müller und Neuer sind wichtiger für das Team, solche Stars geben auch Ersatzspielern einen Schub.

Wenn ich mich als Professor in einem Seminar nur mit den Nörglern und Langweilern beschäftige und versuche, sie zu aktivieren, werden bald alle im Seminar gelangweilt sein. Die Willigen werden sich ausklinken.

Muss also eine Führungskraft allen im Team mit Empathie begegnen? Auf jeden Fall.

Muss eine Führungskraft alle im Team gleich behandeln? Auf keinen Fall.

Manager müssen die Stärken und die Schwächen ihrer Mitarbeiter kennen. Und im Zweifelsfall widmen sie sich lieber denen, die dem Team Energie geben, statt denen, die dem Team Energie entziehen. Wer als Führungskraft *Stars* zum Glänzen bringt, der bringt auch das ganze Team zum Glänzen. Und gute Leute im Team ziehen andere gute Leute an.

4. Der Schwarm: Jeder ein Leader

Der Chef eines großen deutschen Konzerns beschwor Ende 2015 den Zeitenwandel in der deutschen Wirtschaft. In viel beachteten Interviews propagierte er einige Prinzipien der transformationalen Führung. Sein Konzern solle fortan weniger zentralistisch geführt werden, sagte er. Strukturen und Denkweisen müssten sich ändern. Bei dem »Kulturwandel«, den er forderte, gehe es darum, enger zusammenzuarbeiten und eine offene Diskussion über Fehler zuzulassen. Wörtlich forderte er: »Wir brauchen keine Jasager, sondern Manager und Techniker, die mit guten Argumenten für ihre Überzeugungen und ihre Projekte kämpfen. Wir müssen offener diskutieren und auch streiten. Und wir als Verantwortliche müssen die neue Offenheit vorleben.«

Die Zitate stammen von Matthias Müller, dem Nachfolger von Martin Winterkorn als Chef des in die Krise geratenen Volkswagen-Konzerns. Er schien verstanden zu haben. Aber schöne Worte reichen noch lange nicht, um die teilweise sehr hierarchisch und bürokratisch anmutenden Strukturen hinter sich zu lassen, die VW in die Krise geführt haben. Den Worten müssen Taten folgen.

In den nachfolgenden Monaten konnte man erkennen, dass sich wirklich etwas bewegt beim größten Autobauer der Welt. Auch wenn schon wieder wirtschaftliche Erfolgserlebnisse zu vermelden sind, wird der Konzern einen langen, beschwerlichen Weg zurücklegen müssen. Tatsächlich ist so eine Krise eine große Chance zu wirklichem Umdenken und für Entwicklung. Es gibt für Müller und sein großes Team viele Vorbilder, die zeigen, wie man heutzutage vorankommt. Die VW-Leute müssen nur nach oben schauen, in den Himmel.

Tierische Beispiele

Wer hat sie nicht schon gesehen, nicht schon bewundert? An einem lauen späten Sommerabend im dämmrigen Nachthimmel, vielleicht sogar im Himmel über Wolfsburg. Vögel, die zu Tausenden im Schwarm akrobatisch anmutende Formationen vollführen oder gemeinsam gen Süden ziehen.

Dem Ornithologen nötigt eine solche Darbietung an und für sich primitiver Lebewesen größten Respekt ab, der unbedarfte Zuschauer erfreut sich an diesem gewaltigen Naturschauspiel.

Schwärme können Feinde wirkungsvoll abwehren. So werden attackierende Greifvögel vom Schwarm umschlossen und müssen sich flugunfähig fallen lassen. Schwärme in V-Form haben zudem weniger Luftwiderstand zu überwinden und in der Folge eine höhere Reichweite, als wenn jeder Vogel allein seine Bahn ziehen würde.

Die Natur hat zahlreiche andere Arten mit dieser Gabe der Koordinationsfähigkeit ausgestattet. Fische beispielsweise formieren sich zum Schwarm, um die Wahrscheinlichkeit, dem Räuber zu entkommen, zu erhöhen. Ebenso spielt der Gedanke »Viele

Augen sehen mehr« eine große Rolle; der Schwarm als Kollektiv kann Angreifer früher wahrnehmen als das einzelne Tier.

Ameisen wiederum setzen auf den Schwarm, um möglichst schnell und effizient den Weg zur Nahrungsquelle zu finden. Dabei hinterlässt jede Ameise Duftstoffe in Form von Pheromonen. Nachfolgende Ameisen folgen der höchsten Intensität der Duftmarke und wählen den kürzesten vom Kollektiv gefundenen Weg zwischen Bau und Nahrung. Ameisen arbeiten sogar zusammen, wenn es darum geht, ein Gewässer zu überqueren. Eine Ameise allein kann nicht schwimmen, deshalb kettet sich das Kollektiv aneinander und bildet so eine Brücke, damit alle ans andere Ufer gelangen können.

Bienen bedienen sich des Schwänzeltanzes, um ihren Genossen den Weg zu einer Nahrungsquelle zu weisen sowie neue Nester zu finden. Gerade bei der Suche nach Futter ist das Kollektiv entscheidend. Es gibt keine Hierarchie, aber feste Zuständigkeiten. Jede Biene ist ein Sensor und teilt ihre Entdeckungen mit der Gruppe.

Tiere bedienen sich also der Schwarmintelligenz, um als Kollektiv Entscheidungen zu treffen und Ziele zu erreichen, was dem Individuum allein nicht möglich gewesen wäre. Dabei hat jedes einzelne Individuum des Schwarms durchaus die Möglichkeit, die gesamte Gruppe zu dirigieren. Lange Zeit glaubte man, es gäbe einen Anführer im Vogelschwarm. Heute weiß man, dass jeder einzelne Vogel eine Änderung der Flugroute des Schwarms anstoßen kann.

Jeder und Jede ein Leader: was für eine inspirierende Metapher für die Wirtschaftswelt unserer Zeit.

Bei der sogenannten Schwarmintelligenz handelt es sich also – theoretisch betrachtet – um ein gemeinsames Agieren von Individuen, welches in der Summe zu intelligenteren Ergebnissen führt, als wenn die Individuen für sich ihre Ziele verfolgen würden.

Verlockend klingt das auch für die Menschen. Man denke nur an all die Möglichkeiten, die sich unserer Gesellschaft böten, könnte man das geballte Wissen eines menschlichen Schwarms zum Erarbeiten solch intelligenter Lösungen bündeln. Aber ist das Konzept der kollektiven Intelligenz überhaupt auf uns Menschen übertragbar? Verhält es sich mit dem Homo sapiens tatsächlich ähnlich wie mit Vögeln und Fischen? Können wir wirklich Analogien zu Vögeln, Ameisen und Bienen ziehen?

Die Quizshow »Wer wird Millionär?« scheint zweimal wöchentlich die Frage mit Ja zu beantworten. Mit dem sogenannten Publikumsjoker gibt der Kandidat die Frage an die Gäste im Studio weiter. Der Kandidat kann nach der Abstimmung entscheiden, ob er der Einschätzung des Schwarms folgt oder doch seiner eigenen. Regelmäßig erweisen sich die Urteile des Publikums als sichere Wahl. Statistisch gesehen trifft der Schwarm mit seiner kollektiven Beurteilung zu 91 Prozent ins Schwarze.

Demgegenüber steht der Telefonjoker, mit dessen Hilfe der Kandidat den Rat eines vermeintlich in der Aufgabenstellung versierten Bekannten einholen kann, mit einer Trefferquote von vergleichsweise mageren 65 Prozent eher schlecht da.

Das Konzept scheint aufzugehen: Die Weisheit des Schwarms ist größer als die der Individuen. Die Summierungstheorie Aristoteles, der zufolge die Entscheidung einer größeren Gruppe von Menschen besser sein kann als die weniger Einzelner oder Fachkundiger, scheint also auch auf die Neuzeit übertragbar zu sein.

Schwarmintelligenz ist aber nicht nur latent vorhanden, um lediglich bei Bedarf in Form des Publikumsjokers auf dem Weg zur Million aktiviert zu werden. Bereits heute zeugen zahlreiche Beispiele von der erfolgreichen Nutzung kollektiver Intelligenz in unserer Gesellschaft.

Allen voran wäre da die Online-Enzyklopädie Wikipedia zu nennen. Zigtausend Autoren, rund um den ganzen Globus verteilt, steuern ihr Wissen und Können bei, um in gemeinsamer Anstrengung eine frei zugängliche und kostenlose Enzyklopädie zu unterhalten. Rund 45 Millionen Artikel in fast 300 Sprachen zählte das Internetlexikon im April 2017.

Die Beliebtheit von Wikipedia ist unbestritten, doch wie steht es um seine Qualität? Ist das Wissen vieler Durchschnittsbürger auch in diesem Fall verlässlicher als das versierter Redakteure? Der Schwarm schlauer als die Experten?

Das Recherche-Institut Wissenschaftlicher Informationsdienst Köln hat die Online-Enzyklopädie Wikipedia und die Mutter aller Lexika, den Großen Brockhaus, im Jahr 2007 verglichen. In der vom Magazin *Stern* in Auftrag gegebenen Untersuchung wurde Wikipedia eine Durchschnittsnote von 1,7 und dem Brockhaus eine Note von 2,7 attestiert. Bei 43 von 50 zufällig ausgewählten Artikeln aus den Fachgebieten Politik, Wirtschaft, Sport, Wissenschaft, Kultur, Unterhaltung, Erdkunde, Medizin, Geschichte und Religion schnitt Wikipedia besser ab, in lediglich sechs Fällen lag der Brockhaus vorn, ein Artikel ging unentschieden aus. Weniger überraschend hat Wikipedia dabei einen eindeutigen Testsieg in der Kategorie »Aktualität« eingefahren. Doch wer hätte gedacht, dass eine von Nutzern auf freiwilliger Basis verfasste Enzyklopädie auch in der Disziplin »Richtigkeit« siegen würde?

Für den englischsprachigen Raum gab es 2005 einen ähnlichen Vergleich, Wikipedia musste sich an der Encyclopædia Britannica messen lassen. Die Britannica lag zwar vorn, was Korrektheit und Editionsqualität betrifft, aber nur ganz knapp. Die Einschätzung: Wikipedia könne sich durchaus mit professionell erstellten Lexika messen.

Die vielen freiwilligen Autoren wirken wie ein Korrektiv; unaufhörlich überprüfen, hinterfragen, korrigieren sie sich gegenseitig. Auch in der Causa Wikipedia scheint also die kollektive Intelligenz der Vielen besser und verlässlicher zu sein als die der mitunter fachkundigeren Einzelnen.

Aber nicht nur die Tatsache, dass das Erzeugnis des Schwarms hochwertiger ist, ist beachtenswert. Noch ein weiterer Aspekt nötigt uns Respekt ab: das enorme Engagement der sogenannten Agenten auf rein freiwilliger Basis. Ist das nicht ein eindeutiges Indiz dafür, welch enormes Potenzial an Leidenschaft und gutem Willen, für die Gemeinschaft zu arbeiten, in der Gesellschaft schlummert? Das ist ein weiteres Phänomen, das mit der Schwarmintelligenz einhergeht. Niemand bezahlt die Menschen für die Beiträge, die sie bei Wikipedia einstellen. All die Millionen Autoren machen das aus freien Stücken. Der Haupttreiber dieses Engagements ist die Möglichkeit, zu etwas Sinnvollem beizutragen, das Weltwissen zu mehren und Spuren zu hinterlassen. Auch der Aspekt, gemeinsam mit anderen an der Weiterentwicklung unseres Wissens zu arbeiten, ist motivierend. Bestehende Definitionen werden immer wieder redigiert, so entsteht am Ende ein großes Werk des Kollektivs.

Ganz ähnliche Phänomene lassen sich bei Linux beobachten. Ein Betriebssystem, das mitunter von Non-Profit-Organisationen und Hobbyprogrammierern entwickelt wird, hat sich zum Wettbewerber von Microsofts marktbeherrschenden Betriebssystemen aufgeschwungen. Kunden wie Boeing, Disney, NASA, NASDAQ, Google, Dell, HP, IBM und viele andere zeugten von der Linux-Erfolgsgeschichte.

Eigentlich unglaublich: Ein Schwarm aus via Internet kommunizierenden Hobbyprogrammierern machte dem Softwaregiganten Microsoft Konkurrenz.

Ja, von Ameisen und Vögeln können wir Menschen lernen. Das bedeutet aber nicht, dass der Manager seine Mitarbeiter wie Zugvögel oder Ameisen behandeln soll. Er hat es mit selbstbestimmten Individuen zu tun, von denen sich viele mit Händen und Füßen dagegen wehren werden, sozusagen wie ein Tier als Teil eines Schwarms betrachtet zu werden. Und solch renitente Mitarbeiterinnen und Mitarbeiter sind bestimmt nicht die schlechtesten. Ja, und es gibt auch Schwarmdummheit, wenn Menschen sich nicht mehr hinterfragen und wie Lemminge der Gruppe hinterherlaufen. Das verlangt jedoch keiner.

Aufgabe des Managers ist es vielmehr, die Mitarbeiterinnen und Mitarbeiter davon zu überzeugen, sich in den Schwarm zu integrieren. Der moderne Leader sorgt dafür, dass die oben beschriebene Komplexität der Außenwelt, die uns alle zu überfordern droht, im Inneren des Unternehmens von der Vielfalt der Mitarbeiterinnen und Mitarbeiter abgebildet wird. Er koordiniert die Kompetenzen und absorbiert damit die Komplexität der Anforderungen an die Organisation. Er formuliert eine Vision, die von allen Mitgliedern des Schwarms geteilt wird. Er gibt den Einzelnen Raum für Kreativität und Selbstverwirklichung und regt die Gruppe zum Mitdenken an. Er entwickelt jeden einzelnen Mitarbeiter entsprechend dessen Leidenschaften und Fähigkeiten. Wenn etwas nicht klappt, gibt er eine ehrliche, aber konstruktive Manöverkritik. Er ist bereit, Risiken in Kauf zu nehmen und sich im Fall des Misserfolgs vor den Schwarm zu stellen. Und er begegnet jedem Individuum mit Respekt und Empathie.

Natürlich ist diese Welt der Wirtschaft, die wir anstreben, nicht gänzlich neu. Viele Leader mit großer Erfahrung haben ihr Leben lang intuitiv danach gehandelt. Aber nun beginnt die Idee dieser Führungskultur sich auf breiter Front durchzusetzen. Viele fragen mich: Warum gerade jetzt? Warum hat man nicht schon vor 30 Jahren versucht, Unternehmenskulturen offener und teilhabeorientierter zu gestalten? Ganz einfach: Weil es damals noch nicht nötig war! Die Welt war kompliziert, aber nicht komplex. Wir hatten zwar auch damals schon das Gefühl, stetigen Veränderungen ausgesetzt zu sein. Aber nun nehmen diese Veränderungen exponentiell zu, die Welt ist VUKA. William Ross Ashby und sein »*Law of Requisite Variety*« kommen wieder zum Zug: Auf lange Sicht kann nur Vielfalt Komplexität beherrschen. Um also in dieser disruptiven Welt zu überleben oder Wettbewerbsvorteile zu erzielen, braucht man in Unternehmen Vielfalt, Varietät und Diversität – also alle Elemente, die ein Schwarm aufweist.

Die meisten Unternehmen unserer Zeit sind aber in Silos organisiert. Es gibt Funktionen wie Einkauf, Produktion, Marketing und Vertrieb und innerhalb dieser Funktionen Abteilungen und etliche Hierarchiestufen. Jede und Jeder hat in diesem gut sortierten Laden seine Zuständigkeit und erhält von oben Vorgaben und Ziele, die abzuarbeiten sind. So ein System ist sehr effizient und berechenbar. Es bringt gute Ergebnisse, wenn die Welt stabil ist und die Vorstände die richtigen

Pläne verfolgen und auf alle Herausforderungen eine Antwort haben. Nur ist dies leider heutzutage immer weniger der Fall.

Nehmen wir als Beispiel die Autoindustrie, wo sich die Fragen stellen: Sollen wir künftig vor allem weiter in traditionelle Antriebsformen, in E-Mobilität, in autonomes Fahren, in Carsharing oder gar in Drohnen investieren? Wie viele E-Autos werden die Kunden der Zukunft kaufen? Verdienen wir vielleicht in 10 Jahren unser Geld gar nicht mehr so sehr mit dem Fahrzeugverkauf, sondern vor allem mit Dienstleistungen rund um das Automobil?

Solche Fragen können Topmanager heute nicht mehr allein beantworten. Sie benötigen die Intelligenz und Erfahrung ihrer ganzen Mannschaft, zumal die Mitarbeiter in der Regel viel näher an der Technologie und den Kunden sind als die Vorstände.

Es gilt der Leitsatz: »Wenn du es eilig hast, geh allein. Wenn es anspruchsvoll wird oder du etwas Großes erreichen willst, dann geh zusammen.«

Dass es einer Kulturrevolution bedarf, hat auch Daimler erkannt. So sagte Dieter Zetsche im Jahr 2016: »Es ist Zeit für eine neue Führungskultur, alles kommt auf den Prüfstand.« Der Ankündigung folgten Taten. Der Konzern hat ein großes Programm mit dem Titel »Leadership 2020« ins Leben gerufen. Dazu zählt ebenfalls die Einführung von Schwarmorganisation im Konzern. Bis zum Jahr 2020 sollen acht neue Führungsprinzipien etabliert sein. Mitarbeiter sollen demnach mehr Eigenverantwortung entfalten, Entwicklungsprozesse sollen von jetzt sieben auf nur noch zwei Ebenen reduziert werden, projektbezogenes und interdisziplinäres Arbeiten wird eingeführt. Der Konzern soll damit schneller und beweglicher werden. Jedes eingeführte Prinzip ist mit konkreten Maßnahmen hinterlegt, man spricht von »8 Game Changern«. Die Mitarbeiter sollen sehen, dass sich wirklich etwas verändert. Obendrein zeichnet jeder der acht Vorstände für eines der acht neuen Prinzipien sowie für die jeweiligen *Game Changer* verantwortlich. Dieter Zetsche ist der Pate für die Schwarmorganisation.

Raus aus dem Einzelbüro!

Anzeichen für die Kulturrevolution gibt es genug. In unserer Arbeitswelt werden immer mehr Wände eingerissen, viele Menschen werden aufgescheucht aus ihrer gemütlichen Isolation. Um es mal salopp zu sagen: Wir alle müssen unseren Hintern hochbekommen. Die Zeiten sind danach.

Das gute alte Einzelbüro mit der selbstversorgten Topfpflanze vor dem Fenster, dem Bild der Ehefrau oder des Ehemanns auf dem Schreibtisch und den von den Kindern so süß gefertigten Bildern an der Wand wird bald endgültig der Vergangenheit angehören. Es wurde ja in vielen Fällen ohnehin schon durch das Großraumbüro ersetzt. Aber selbst in diesen Großraumbüros haben die Leute noch ihre recht klar definierte Umgebung.

Nun also der Trend zum *Desksharing*, Schreibtisch teilen. Das bedeutet nicht etwa, dass man jetzt einen Schreibtisch mit einem Kollegen teilt. Es bedeutet: Man teilt alle Schreibtische mit allen Kollegen im Team. Wer sich morgens auf den Weg ins Büro macht, weiß noch nicht, an welchem Schreibtisch er sein persönliches Notebook mit dem Firmennetz verbinden und wo er den kleinen, beweglichen Container mit seinen Bürohabseligkeiten parken wird.

Die Entwicklung hin zum *Desksharing* ist in zweierlei Hinsicht logisch. Einerseits ganz pragmatisch, denn immer mehr

Leute erledigen ihre Arbeit von zu Hause aus oder von unterwegs, das ist kein Problem mehr mit unserer Kommunikationstechnologie. Deshalb ist es aus unternehmerischer Sicht unvernünftig, für alle Angestellten jeweils einen eigenen Arbeitsplatz bereitzuhalten. Vernünftiger ist es, einen Pool von Schreibtischen zur Verfügung zu stellen, und zwar weniger Schreibtische als es Mitarbeiter gibt.

Andererseits entspricht das *Desksharing* der Vorstellung eines modernen Teams. Im Schwarm haben die Individuen keinen festen Platz; sie gruppieren sich, je nach Situation und Projekt, immer wieder neu. Also entspricht das *Desksharing* der Art, wie wir heutzutage zusammenarbeiten. Es fördert die Kommunikation im Team, jeden Tag neben einem anderen Teammitglied zu sitzen. Leute lernen sich besser kennen, Ideen machen schneller die Runde. Der ganze Büroschwarm wird also flexibler. Erwiesen ist mittlerweile, dass sich neue Mitarbeiterinnen und Mitarbeiter mit diesem Bürokonzept sehr viel schneller einarbeiten, als wenn sie jeden Tag an ihrem festen Platz sitzen würden.

Aber natürlich gibt es in den Unternehmen gewaltige Widerstände gegen das sogenannte non-territoriale Konzept des Schreibtisch-Teilens. Der personifizierte Arbeitsplatz sei ohnehin niemals ein »Eigentum« des Arbeitnehmers gewesen, so argumentieren die modernen Büroplaner. Doch so einfach ist das nicht. Ein Refugium im Büro kann dem Bewohner ein Gefühl der Geborgenheit vermitteln. Und das wiederum erhöht die Identifikation mit dem Arbeitgeber.

Für viele ist das eigene Büro darüber hinaus ein Statussymbol. Wer mehr Quadratmeter an Raumfläche, wer mehr Fenster sein Eigen nennt, wer hinaus nach Süden schaut, vielleicht hinein in das Gebirge oder in den Wald statt auf die Autobahn oder die Industriebrache nebenan – der glaubt zu wissen: »Ich habe es geschafft.« Der wird sein Revier mit Zähnen und Klauen verteidigen.

Der personifizierte Arbeitsplatz vermittelt also den Arbeitnehmern Sicherheit und markiert ihre Stellung in der Hierarchie. Es ist nun die Aufgabe der Führungskräfte, in ihren Teams den Übergang zum geteilten Schreibtisch zu moderieren und die Chancen zu nutzen, welche diese neuen Konstellationen bieten. Die erste Bedingung dafür lautet natürlich: Der Chef darf nun keinesfalls in seinem schönen, durch ein Vorzimmer samt Sekretariat gesicherten Eckzimmer mit Blick hinein in die Alpen verharren. Er muss mitten hinein unter seine Leute, höchstens getrennt durch eine Glaswand. Und er muss ihnen die Chancen vor Augen führen, die das Leben im Schwarm mit sich bringt.

Unser überaus mobiler, auch in seinen Arbeitszeiten flexibler Schwarm wird zusammengehalten von gemeinsamen Werten und gemeinsamen Zielen und, selbstverständlich, einem tollen Chef, der mit seinem Charakter und seiner Empathie vorangeht. Aber dieser Schwarm braucht trotzdem noch ganz konkrete Orte, an denen sich der Zusammenhalt des Teams tatsächlich manifestiert. Es muss Orte für spontane Treffs geben, nach Art von Kaffeebars, für private und auch dienstliche Gespräche.

Wenn ich ein Unternehmen besuche, gehe ich meistens zunächst an die Kaffeebar. Ganz nach dem Motto: »Zeig mir deine Kaffeebar und ich sag dir welche Unternehmenskultur du hast.« Denn dort zeigt sich die Stimmung, die Rituale, das Verhalten und das Miteinander ganz natürlich und kulminiert an einem Ort. Dort werden die für die Schwarmintelligenz wichtigen Gespräche geführt, dort tauscht man sich mit den Kollegen von der benachbarten Abteilung aus. Meiner Erfahrung nach liefern die Art und der Zustand der Kaffeebar sehr verlässliche erste Indizien, wie es um die Unternehmenskultur einer Organisation bestellt ist. Und das Bürogebäude selbst muss Identität stiften, zur eigenen Lebenswelt werden, gegebenenfalls mit Fitnessstudio und Wellness-Oase. Besonders wichtig ist, dass das Gebäude eine inspirierende Wirkung entfaltet. Viele Studien zeigen, dass der Raum, in dem Arbeit stattfindet, das Ergebnis der Arbeit stark beeinflusst.

Umgebung macht Kultur. Diese Erkenntnis nutzen wir auch bei der Gestaltung von Seminaren. Deshalb sind wir dazu übergegangen, die Teilnehmer raus aus ihren oftmals grauen Firmengebäuden und raus aus den dunklen, langweiligen Tagungshotels zu holen. Wir wählen inspirierende Räumlichkeiten, um zu signalisieren: Hier soll etwas völlig Neues passieren. In einer Art Werkstatt-Atmosphäre entwickeln wir mit den Teilnehmern Haltungen und Führungsprinzipien. In einem solchen Ambiente sind die Gedanken frei, es können Ideen fließen und die Teilnehmer bekommen Lust, sich weiterzuentwickeln. Idealerweise und oft kommt man sogar in einen Flow.

Muss man die Entwicklung zum Schwarmbüro, zur Arbeitswelt als Lebenswelt wirklich gut finden?

Einige werden sich bestimmt an das Szenario aus dem Roman *Circle* von Dave Eggers erinnern fühlen. Der US-Autor schildert in dem Buch, wie ein kalifornischer Internetkonzern – angelehnt an Google – eine totalitäre Herrschaft über die ganze Welt erobert und dabei auch die eigenen Mitarbeiterinnen und Mitarbeiter durch ein vermeintliches Rundum-Wohlfühlpaket versklavt. Gemeinsames Essen, gemeinsamer Sport, gemeinsamer Sex. Absolute Transparenz. Der Konzern erforscht die Vergangenheit seiner Leute und ihrer Familien Jahrhunderte zurück. Und am Ende versucht er schließlich, buchstäblich in die Gehirne der Angestellten vorzudringen, um ihre Gedanken lesen und bestimmen zu können.

Sieht so unsere schöne neue Welt aus? Die Gefahren liegen auf der Hand, wenn die Arbeitswelt zur Lebenswelt, das Arbeitsteam zur zweiten Familie wird. Wir alle müssen lernen, immer wieder aufs Neue die Grenzen zu ziehen. Der Trend lässt sich nicht stoppen, und meiner Überzeugung nach sind die Chancen dieses Wandels größer als die Risiken. Die Menschen verbringen statistisch betrachtet die Hälfte der Zeit, in der sie nicht schlafen, am Arbeitsplatz. Es kann aber kein Nachteil sein, sich dort wohlzufühlen und seine Zeit mit Leuten zu verbringen, mit denen man Ziele und Werte teilt.

Frauen und Diversität

Die Themenfelder werden oft in einem Atemzug genannt: Frauen und Diversität. Zu Recht. Immerhin hat jede Gesellschaft einen Frauenanteil von 50 Prozent, doch in Unternehmen und Organisationen stellt sich das anders dar. Wenn es nun also gilt, die Schwarmintelligenz in den Unternehmen zu aktivieren, wenn Empathie eine ganz wesentliche Eigenschaft der zeitgemäßen Führungskultur ist – müsste man dann nicht allein deshalb schon so viele Frauen wie möglich in Führungspositionen holen, weil diese als mitfühlender und als bessere Teamworker gelten? Ist eine Frauenquote im Management also überlebensnotwendig für die Wirtschaft?

Aus politischen Gründen ist die Quote nachvollziehbar. Es geht um die Gleichberechtigung von Mann und Frau, ein von der Verfassung vorgegebenes Ziel. Noch immer gibt es beschämend wenige Frauen in Führungspositionen, ganz abgesehen davon, dass sie auf allen Ebenen der Unternehmen sehr oft schlechter bezahlt werden als Männer. Der Staat versucht deshalb, mit einer Quote ein starkes politisches Zeichen zu setzen: So nicht, Männer!

Auch aus arbeitsmarktpolitischen Gründen scheint die Quote rational zu sein. Die deutsche und schweizer Wirtschaft steuert mittelfristig auf einen Arbeitskräftemangel zu, vor allem einen Fachkräftemangel. Der demografische Wandel ist unabweisbar, der Zustrom von Flüchtlingen wird daran so schnell nichts ändern. Mehr als die Hälfte der Studierenden sind Frauen. Die deutsche und schweizer Wirtschaft ist darauf angewiesen, dass diese Frauen sich nicht nur qualifizieren, sondern ebenfalls arbeiten und Karriere machen wollen, auch als Mütter.

Ich plädiere dennoch dafür, bei der Beurteilung von Frauen und Männern in Führungspositionen Abschied zu nehmen von Klischees wie beispielsweise dem typisch weiblichen Mutterinstinkt und dem typisch männlichen Jagdinstinkt. Ich frage: Könnte es sein, dass in unserer modernen westlichen Gesellschaft mit ihren unendlich vielen Rollenbildern die Fähigkeit zu empathischer Menschenführung immer weniger eine Frage des Geschlechts ist als vielmehr eine Frage der Prägung und der Ausbildung?

Wir wollen an dieser Stelle die Unterschiede zwischen Männlein und Weiblein nicht einebnen. Das Leben wäre ja stinklangweilig, wenn es diese Unterschiede nicht gäbe. Aber im hoch entwickelten Wirtschaftsleben unserer Tage spielen andere Aspekte wie Herkunft, Sozialisation, Erziehung, Ausbildung eine ebenso große Rolle wie das Geschlecht. Und daher rührt meine Skepsis gegenüber einer Frauenquote.

Meine Meinung: Jenseits von Geschlechterunterschieden ist »Diversität« das neue Zauberwort in unserer Wirtschaft. Es bedeutet: Für den Erfolg eines Unternehmens ist es heutzutage entscheidend, dass es die Vielfalt der Gesellschaft versteht und in seiner Belegschaft abbildet.

Die Wirtschaftsprüfungs- und Beratungsgesellschaft PricewaterhouseCoopers (PwC) hat in ihrem 18. »Global CEO Survey« die Bedeutung von »*Diversity*« für den Erfolg eines Unternehmens betont. 85 Prozent der Manager weltweit und knapp 70 Prozent der deutschen Vorstände steigern demnach ihre Erträge, indem sie eine *Diversity*-Strategie verfolgen.

Gemischte Teams aus Frauen und Männern, aus Absolventen unterschiedlicher Studienrichtungen, Altersgruppen und Nationalitäten sind demzufolge erfolgreicher als homogene Teams. Je vielfältiger ein Team aufgestellt sei, desto besser könne es mit Veränderungen umgehen. In anderen Umfragen erklären Unternehmen, *Diversity* führe dazu, dass die Teams besser zusammenarbeiten, die Synergieeffekte zwischen den Mitarbeitern würden steigen. Zu Deutsch: Die Mischung macht's, nicht nur das Geschlecht.

Betrachten wir die Diversität an einem Einzelfall: Wer zum Beispiel den asiatischen Markt bedienen will, muss die Kultur und die Mentalität der Asiaten verstehen, muss Chinesisch sprechen. Wer, sagen wir, Premiummännerprodukte nach China verkaufen will, muss wissen, wie chinesische Männer ticken.

Muss also so ein Unternehmen einen Mann mit chinesischen Wurzeln in seiner Führungsriege haben? Nein, muss es nicht unbedingt, denn es kann sein, dass der eine Chinese, der sich für den Job bewirbt, nichts mit Luxusautos, nichts mit teuren Uhren anfangen kann und auch kein Gespür für diesen Markt hat.

Wer Diversität im Unternehmen eins zu eins abbilden will, denkt zu kurz. Zu jedem Alten einen Jungen. Zu jedem Europäer einen Amerikaner. Zu jedem Hetero einen Homo. Zu jedem Nicht-Behinderten einen Behinderten. Zu jedem Mann eine Frau. So entsteht Scheindiversität.

Natürlich sind Sprachkenntnisse, kulturelle Prägungen und Lebenserfahrung entscheidend. Um beurteilen zu können, ob jemand das Unternehmen vorwärtsbringt, gehört aber ebenso die Frage: Verfügt sie, verfügt er über die Empathie, die nötig ist, um sich auf eine andere Kultur einzulassen?

Mann oder Frau – das Geschlecht gibt keine ultimative Antwort auf solche Fragen.

Auch ich glaube, dass Frauen in der Mehrzahl empathischer, teamorientierter und weniger hierarchisch denken. Aber im Einzelfall kann es sein, dass eine Bewerberin für den Chefposten die Machokultur verinnerlicht hat, in der sie Karriere gemacht hat.

30 Prozent Frauen in deutschen Aufsichtsräten: Das ist eine politische Botschaft. Aber diese Botschaft führt nicht automatisch dazu, dass die Unternehmenskultur besser wird, hin und wieder wird erst einmal sogar das Gegenteil der Fall sein, weil ein Bewerber, der geeigneter ist, durchfallen wird. Hoffen wir alle, dass die Quote langfristig zum Erfolg führt. Dass Frauen andere Frauen in die Führungszirkel nachholen, dass sie Frauen-

förderprogramme auflegen, dass sie sich dafür einsetzen, dass sich Familie und Beruf für Mütter-Managerinnen besser vereinbaren lassen. Am Ende werden sich Frauen hoffentlich nicht mehr als »bessere Männer« präsentieren müssen, um in Unternehmen aufsteigen zu können, und es wird hoffentlich keine Alibi-Frauen in Führungspositionen mehr geben.

Ich setze auf diesem Weg allerdings eher auf Freiwilligkeit und Einsicht. Natürlich hegen nicht nur Feministinnen den Verdacht, dass sich Männer-Manager hinter dem Begriff der »Diversität« und entsprechenden Programmen verstecken, um staatliche Eingriffe abzuwehren und ihre Macht in den deutschen Unternehmen zu sichern. Manager denken jedoch in der Regel nicht politisch – politische Eingriffe wecken möglicherweise sogar Widerstand. Sie denken eher nutzenorientiert. Und sie werden früher oder später erkennen, dass wohlverstandene Diversität überlebenswichtig ist für ihr Unternehmen.

Lernen von ABB

Der Umbau von Volkswagen steht erst am Anfang, der Konzern arbeitet mit Hochdruck an einer besseren Zukunft. Als Beispiel, wie in einer Krise Gutes entstehen kann, wollen wir uns einen Fall ansehen, der schon einige Zeit zurückliegt, aber doch sehr lehrreich ist. Es geht um den Schweizer Energiekonzern ABB, den wir im Turnaround begleiten durften.

An einem Freitag im September 2002 schrieb Jürgen Dormann in einer E-Mail an seine Mitarbeiter: »Ich schreibe euch, nachdem ich Chef von ABB geworden bin. Mein Ziel ist es, die Umsetzung der Konzernstrategie zu beschleunigen und mit Eurer Hilfe die operative Performance zu verbessern. Gemeinsam müssen wir aber auch unseren alten ABB-Spirit wiederbeleben. Ich setze auf vollkommene Transparenz. Deshalb verspreche ich euch, in den kommenden Wochen und Monaten regelmäßig mit euch zu kommunizieren.«

Mit diesen Worten begann Jürgen Dormann die Serie der sogenannten «Friday-Letters«. Es sollten am Ende insgesamt 112 Briefe werden, die er jeden Freitag während seiner Amtszeit als Vorstandsvorsitzender (CEO) und Krisenmanager (Turnaround-Manager) des Schweizer Technologiekonzerns ABB den mehr als 100 000 Mitarbeitern schickte.

Der ehemals gefeierte Industrieriese ABB, der Generationen von Managern und Forschern als Vorbild für unternehmerische Führung eines Großkonzerns galt und bewundernd als »Dancing Giant« bezeichnet wurde, als tanzender Riese, war in ernsthafte Schwierigkeiten geraten. Erstmals in der Firmengeschichte musste ein Verlust ausgewiesen werden, 691 Millionen Dollar. Der damals 61-jährige Jürgen Dormann wollte es nochmal wissen: Im September 2002 übernahm er den CEO-Posten, befristet auf zwei Jahre. Unter seiner Führung kehrte das Unternehmen nicht nur zurück in die Profitabilität, sondern fand auch den Glauben an sich selbst wieder.

Es ging Dormann vor allem um einen Kulturwandel. Denn in dem Konzern gab es keine Zusammenarbeit mehr. Jeder kämpfte gegen jeden. Es herrschte, nach den oben genannten Kriterien, »korrosive Energie«. Ein Manager erinnert sich: »Eines Tages sagte ein Kunde zu mir: ›Ihre Offerte ist zu teuer.‹ Ich versuchte dann mit unserer hohen Qualität und den vergleichsweise niedrigen *Life Cycle Costs* für das Produkt zu argumentieren. Daraufhin zeigte mir der Kunde wortlos elf verschiedene Visitenkarten von ABB-Managern, die allesamt in den letzten drei Monaten bei ihm waren, um ihm unabhängig voneinander jeweils eine Offerte in ein und derselben Angelegenheit zu unterbreiten. Anschließend sagte er: ›Ihr Problem ist, dass Sie zu viele Leute haben, von denen der eine nicht weiß, was der andere tut.‹ Und er hatte recht.«

Dormann entschloss sich, ABB zu retten, indem er die Unternehmenskultur umfassend änderte. Ziel war es, im Unternehmen langfristig eine Mentalität aufzubauen, die geprägt war von Zusammenhalt und Kooperation, Offenheit und Verantwortung. Deshalb wurden Hunderte von internen Seminaren veranstaltet, in denen ABB-Manager aus aller Welt nicht nur konkrete geschäftliche Inhalte, sondern auch die Notwendigkeit eines solchen Kulturwandels vermittelt bekamen.

Zugleich veränderte Dormann das Weisungs- und Kompetenzgefüge. Auf allen Ebenen vergrößerte er Verantwortungsbereiche, baute Handlungsspielräume aus, verkürzte Entscheidungswege. Dormann sagte später: »Früher sind die Mitarbeiter wegen zu vielen Problemen zum CEO gelaufen. Das musste aufhören. Meine Rolle im Executive Committee war es, eine eindeutige Richtung vorzugeben, eine Kultur des Miteinanders zu formen, klarzumachen, wer für was verantwortlich war und die Leute zum Handeln zu ermächtigen.«

Die unternehmerische Vernunft gebietet es einem jeden Manager, bei finanziellen Engpässen erst einmal auf die Kostenbremse zu steigen, häufig ist das verbunden mit Standortschließungen und Stellenabbau. Auch Dormann griff zur Ultima Ratio. Er reduzierte während seiner Amtszeit die Mitarbeiterzahl von 146 000 auf 105 000.

Wieder nur einer dieser Rambo-Manager? Mit diesem Vorurteil wird man Dormann ganz und gar nicht gerecht. Wie bei der Neuausrichtung der Konzernstrategie und der Unternehmenskultur ging er ebenfalls bei seinen Maßnahmen, die Kosten zu senken, besonnen und rücksichtsvoll vor. Um die Mitarbeiter zu überzeugen, machte er jeden seiner Schritte öffentlich und ließ darüber diskutieren. Jeder Mitarbeiter konnte sich zu jeder Zeit über die getroffenen Maßnahmen, deren Notwendigkeit und deren Fortschritt erkundigen. Zudem verstand es Dormann, die Kraft der symbolischen Führung im Sinne von »kleinen Gesten mit großer Wirkung« zu nutzen. Gleich zu Beginn setzte er deutliche Signale, indem er viele Privilegien und Statussymbole abschaffte. So ließ er die beiden gepanzerten Firmenlimousinen und den Firmenjet, die primär ihm und den übrigen vier Vorstandsmitgliedern zur Verfügung standen, verkaufen und ersatzlos streichen. Der Praxis der teuren First-Class-Tickets für das reisende Topmanagement setzte Dormann ein jähes Ende. Er selbst flog innerhalb Europas nur noch Economy und erwartete dies auch von seinen Vorstandskollegen.

Für das größte Aufsehen unter der Belegschaft sorgte jedoch die Abschaffung des sehr gediegenen und exquisiten Speisesaals, der für die Konzernleitung reserviert gewesen war. Das gesamte Executive Committee aß von da an wie alle anderen Mitarbeiter in der Kantine am Hauptsitz des Unternehmens in Zürich/Oerlikon. Und so wurde es zur Normalität für die Mitarbeiterinnen und Mitarbeiter, an dem einen Tag mit dem CFO und am anderen mit dem Personalvorstand beim Mittagessen über die Geschicke der ABB zu diskutieren.

»Es ging mir darum, die einfachen Leute zu gewinnen«, erinnert sich Dormann, »ich wollte sie davon überzeugen, dass dieses Unternehmen kurz vor dem Ruin steht und wir alle zusammen in einem Boot sitzen. Die Loyalität war sehr groß, vor allem nachdem sie gemerkt hatten: Der tut, was er sagt, der drischt kein Stroh, fängt bei sich an zu sparen und geht wie wir in die Kantine zum Essen.« Er überzeugte durch werteorientiertes Verhalten, und die Mitarbeiter identifizierten sich mit ihm.

Das kam Dormann auch zugute, als er den härtesten Schnitt vornahm: Entlassungen.

In seinem elften Brief an die Mitarbeiter schrieb Dormann: »Es gibt keinen Weg für uns, Kosten zu sparen, ohne Jobs zu streichen … Ist das dramatisch? Ja … Aber es ist notwendig für das Überleben der ABB.«

Schon bald konfrontierte Dormann seine Leute mit der harten Realität: Geplant war, dass rund 42 000 Mitarbeiter das Unternehmen verlassen sollten. Ungefähr 12 000 Stellen sollten wegrationalisiert werden, und rund 30 000 Angestellte sollten im Zuge von Veräußerungen von Unternehmensteilen aus dem Konzern ausscheiden.

Dormann machte dabei auch vor der Topmanagement-Ebene nicht halt. Das Executive Committee war unter seinem Vorgänger auf elf Personen angewachsen, weshalb sich das ehemals schlanke Hauptquartier zu einem Wasserkopf ausgewachsen hatte. Konsequenterweise reduzierte Dormann die Geschäftsleitung auf ein fünfköpfiges Team.

Die »Friday-Letters« waren in mehrfacher Hinsicht ein zentrales Element für den Wandel bei ABB. Jeden Freitag schrieb Jürgen Dormann an alle Mitarbeiter diesen ein- bis zweiseitigen Brief, der in 15 Sprachen übersetzt und per E-Mail versandt wurde. Darin informierte er unverblümt über die Situation von ABB. Die Orientierungslosigkeit und Unsicherheit über das Was, Wie, Warum und Wohin des Unternehmens wich mit jedem Brief. Dormann nutzte seine Briefe darüber hinaus als Medium, um einen Eindruck davon zu gewinnen, wie die Mitarbeiter die Lage einschätzten.

Es gab einen Feedback-Button am Ende jener E-Mails, über den jeder Mitarbeiter und jede Mitarbeiterin dem CEO persönlich seine Meinungen und Bedenken mitteilen konnte. 4 500 solcher Rückmeldungen hat Dormann erhalten. Gelesen hat er jede einzelne, und das Feedback der Angestellten griff er in einem seiner nächsten Briefe auf.

In einer beispiellosen Art und Weise hat Jürgen Dormann ein Unternehmen, das kurz vor der Pleite stand, durch die Kombination aus konsequentem Management und empathischem Führungsstil aus der Krise geführt. Er kombinierte rationales, problemorientiertes Handeln eines transaktionalen Managers mit der Weitsicht, der Courage und der mitfühlenden Art eines echten transformationalen Leaders.

Aus den Gesprächen, die wir mit Jürgen Dormann für eine Studie geführt haben, blieb uns vor allem eine Aussage in Erinnerung. Man sollte sie für die Ewigkeit in Stein meißeln: »Das Unsozialste ist das Verschleiern von Wahrheiten. Es führt zu falschen Vorstellungen und dazu, dass notwendige Entscheidungen nicht getroffen werden.«

Das Unsozialste ist das Verschleiern von Wahrheiten: Das gilt in erster Linie dann, wenn wir zu der Frage kommen: Geht es doch wieder darum, Leute zu entlassen?

Die Antwort: In einer Krise werden Entlassungen manchmal unvermeidlich sein; und wer davor zu lange zurückschreckt, schadet dem ganzen Unternehmen.

Und wer sich auch in guten Zeiten als Mitarbeiter nicht in den Schwarm einfügen will, wer alle Chancen, die man ihm bietet, nicht nutzt, wer keine Brücke überquert, die man ihm baut – der muss ein Unternehmen leider verlassen. Weil er sonst allen anderen Mitarbeitern und dem ganzen Unternehmen schadet.

Das sagen wir auch Managern, die Angst davor haben, sie müssten nun einen »Kuschelkurs« einschlagen nach dem Motto: »Der Mitarbeiter ist der König«, einen Kurs also, der auf Leistung keinen Wert legt und das Unternehmen letztlich ins Verderben führt.

Konsequenz ist Teil der transformationalen Führung. Ohne Konsequenz kommt keine Art der Führung aus.

Vor einiger Zeit durfte ich drei Tage lang in Rom Benediktinermönchen aus der ganzen Welt in einem Seminar unsere Lehren vortragen. Ich erzählte den Mönchen von transformationaler Führung einerseits und andererseits der nötigen Konsequenz im Umgang mit ihren Tausenden Mitarbeitern aus der säkularen Welt, in Krankenhäusern, Kindergärten, Schulen, Gärtnereien. Leute, die nicht mitmachen, nicht ansprechbar sind – sie haben unserer Meinung auf Dauer keinen Platz im Unternehmen.

Die Mönche hörten aufmerksam zu. Manche äußerten Verständnis, einer erwiderte schließlich sinngemäß: »In jedem Menschen ist Gott, und wenn er noch so ein Kotzbrocken ist. Auch solchen Menschen muss man als Führungskraft gerecht werden, und man muss sich immer wieder fragen: Was will er mir mit seinem Verhalten sagen? Was hat er für Probleme, was hat er für Verletzungen? Wie kann ich ihm helfen?«

In jedem einzelnen Menschen steckt Gott. An dieser Stelle lässt sich schier endlos debattieren. Man kann leichthin sagen:

Ein Unternehmen verlassen zu müssen, bedeutet nicht das Ende des Lebens und das Ende der Welt. Doch auch wenn heutzutage noch so sehr Flexibilität gefordert ist – für manche Mitarbeiter bedeutet eine Entlassung immer noch genau das: das Ende der Welt.

Wo endet die Verantwortung des Anführers einer Gruppe für den Einzelnen, und wo beginnt die Verantwortung für das Kollektiv, den Schwarm? Es gibt keine einfachen Antworten. Der Anführer muss in jedem einzelnen Fall verantwortlich handeln.

Bevor man allerdings zum ultimativen Mittel der Entlassung greift, sollte man zunächst jedem eine zweite und auch eine dritte Chance geben. Falls das nicht hilft, empfehlen wir zu prüfen, ob er oder sie vielleicht seine Talente, Leidenschaften und Stärken an einem anderen Ort in der Organisation nicht besser einsetzen kann. Häufig machen wir die Erfahrung, dass ein vermeintlicher »Stinkstiefel« in einer anderen Rolle und in einem anderen Umfeld im selben Unternehmen aufblüht und zu einem Top-Performer wird. Falls das alles nichts hilft, sollte man im Interesse des Kollektivs handeln. Die Faustregel lautet: Sobald der Einzelne dem Kollektiv mehr Schaden als Nutzen zufügt, sollte man im Interesse des Schwarms Maßnahmen ergreifen.

5. Echte Leader: Klinsmann, Guardiola, Löw

Auch ein Wirtschaftsprofessor hat eine Vergangenheit, die ihn prägt. Erfahrungen in Kindheit und Jugend, die ihn in seinem Beruf leiten – manchmal sogar mehr, als das Studium, die Forschung, die Lehre, die er betreibt. Kommen wir also zum Sport, kommen wir zum Fußball. Eine Materie, die mich bis heute bewegt.

Es hat großen Reiz, bei der Betrachtung von Unternehmen Vergleiche mit dem Sport heranzuziehen. Der Sport kürt jeden Tag aufs Neue Helden und Versager, er begeistert die Menschen und hat auf alle Fragen eine eindeutige Antwort: das Resultat. Allerdings führt der Vergleich oft auch in die Irre. Denn in der Wirtschaft lässt sich das Ergebnis nicht jede Woche so eindeutig quantifizieren: Sieg, Niederlage, Unentschieden. Und nicht jede Abteilung in einem Unternehmen versteht sich als Hochleistungsteam.

Deshalb regt sich in den Diskussionen mit Führungskräften häufig heftiger Widerstand, wenn wir auf Analogien zum Sport zu sprechen kommen. »Wir sind keine Fußballtrainer«, heißt es dann, »und unsere Mitarbeiter sind keine hoch gezüchteten und hoch bezahlten Profisportler. Wir können und wir wollen nicht Mitarbeiter, die uns nicht in den Kram passen, auf die Ersatzbank oder die Tribüne setzen oder gar nach einem Jahr verkaufen.«

Außerdem sind Unternehmen in der Regel nicht täglich einem derartigen Störfeuer der Medien ausgesetzt wie zum Beispiel eine Fußball-Bundesligamannschaft. Die Bild-Zeitung wird nicht sofort groß berichten, wenn bei einem Konzern der Mitarbeiter A öffentlich schlecht über den Mitarbeiter B redet.

Was bringt also die Analogie zum Sport, vor allem zum Profifußball? Meinen Erfahrungen nach sind Hochleistungsteams im Fußball unseren Unternehmen fünf Jahre voraus, was die Führungskultur betrifft. Mindestens fünf Jahre.

Wie kommen wir zu der gewagten These? Im Profifußball, ja im professionellen Sport allgemein gibt es nur noch Vollzeit-Leader. Das heißt, ein Trainer verbringt die allermeiste Zeit damit zu führen, im wahrsten Sinne des Wortes. Er coacht, motiviert, inspiriert, ermöglicht, löst Konflikte, versucht, jeden Tag die Mannschaft besser zu machen. Ein Trainer hat nicht noch obendrein pro Tag dutzende E-mails zu beantworten, Verhandlungen mit Lieferanten zu führen oder auf der ganzen Welt die besten Kunden zu betreuen. Sein hauptsächlicher Fokus liegt auf der Führung seines Teams.

Vor etwa 20 Jahren gab es noch das Konzept des Spielertrainers, einen Trainer also, der die Mannschaft führte und selbst mitspielte. Irgendwann hat man im Sport festgestellt, dass dies nicht zielführend ist und dass es für die langfristige Leistung des Teams besser ist, wenn der Trainer sich voll und ganz um das Team kümmert. Das ist der Grund, warum wir behaupten: Der Sport ist den meisten Unternehmen im Bereich Führung fünf Jahre voraus. Manager in Unternehmen haben den ganzen Tag operative Verpflichtungen, nebenbei führen sie noch fünf bis fünfzehn Mitarbeiter. Unsere Studien zeigen, dass der durchschnittliche Chef in deutschen Unternehmen nur rund 15 Prozent seiner Zeit auf die Führung seiner Mitarbeiter verwendet. Um im Bild des Fußballs zu bleiben: Wenn irgendwo etwas schiefläuft, geht der Chef kurz mal selbst auf das Spielfeld, um das entscheidende Tor zu schießen. So schafft man langfristig keine Hochleistungskultur. Das Team wird immer abhängig vom Chef bleiben.

Es lohnt sich deshalb, sich etwas ausführlicher mit dem Profifußball zu beschäftigen. Gehen wir daher in das Jahr 2004 zurück und werfen einen Blick auf eines unserer populärsten Forschungsobjekte: den deutschen Fußball und seine spektakulären Erfolge der vergangenen Jahre. Blicken wir auf die Ära, die Bundestrainer Jürgen Klinsmann auf dem Tiefpunkt des deutschen Fußballs 2004 einläutete und die unter Bundestrainer Joachim Löw mit dem Titelgewinn bei der Weltmeisterschaft 2014 ihren Höhepunkt finden sollte. Als glückliche Fügung erwies sich zudem, dass der FC Bayern München 2013 den spanischen Trainer Pep Guardiola verpflichtete. Er gab mit seiner Art, eine Mannschaft zu führen und Fußball spielen zu lassen, dem deutschen Fußball den letzten Schliff, den es brauchte, um Weltmeister zu werden. Joachim Löw baute seine Weltmeistermannschaft rund um eine Achse aus Guardiola-Bayern.

Würden Sie selbst gern im Arbeitsleben von einem Klinsmann, einem Löw oder einem Guardiola geführt werden, jeden einzelnen Tag? Vielleicht sogar von einem Julian Nagelsmann, dem als Trainer-Supertalent gefeierten jungen Mann von der TSG Hoffenheim, der selbst der Generation Y entstammt und sich anschickt, das Erbe von Klinsmann, Guardiola und Löw weiterzuentwickeln? Es wäre sehr anstrengend, aber ich verspreche Ihnen: Es würde sich lohnen.

Der Klinsmann-Plan

Es ging um der Deutschen liebstes Kind, die Fußballnationalmannschaft, und wie man sie vor einer Blamage bei der Heim-Weltmeisterschaft bewahren konnte. Aus betriebswirtschaftlicher Sicht hingegen ging es um nichts anderes als Change-Management. Damit bezeichnet man den Versuch, ein Unternehmen, das in der Krise steckt, umfassend zu verändern. Alles steht in solchen Fällen auf dem Prüfstand: die Vision des Unternehmens, die Strategie, die Organisationsstruktur, am Ende auch die Unternehmenskultur – also die Art und Weise, wie man miteinander umgeht.

Nichts ist schwieriger als eine ehemals erfolgreiche Organisation zu verändern, die auf das falsche Gleis geraten ist. Weil die Wirtschaft sich in immer kürzeren Zyklen wandelt, gibt es kaum noch einen Angestellten, in dessen Betrieb nicht irgendwann von »Change« die Rede ist. Auch deshalb lohnt sich ein Blick auf das Klinsmann-Projekt.

Punkt eins beim Change-Management: Zunächst muss in der betreffenden Organisation die Einsicht in die Notwendigkeit von Veränderung bestehen. Das war im Fall der Nationalmannschaft kein Problem, denn der 23. Juni 2004 führte allen vor Augen, dass es so nicht weitergehen konnte. Die Mannschaft brauchte im letzten Gruppenspiel bei der Europameisterschaft einen Sieg gegen Tschechien, um ins Viertelfinale einzuziehen. Die Tschechen, bereits qualifiziert für die nächste Runde, traten mit einer B-Mannschaft an – und besiegten die Deutschen dennoch 2:1. Der Tenor in der internationalen Presse war einhellig: Altherrenfußball. Experten und Fachpresse stellten den gesamten Deutschen Fußball-Bund (DFB) infrage. Über die Jahre hatte sich der mit über sieben Millionen Mitgliedern größte Sportverband Europas offenbar zu einem trägen Koloss mit veralteten Strukturen entwickelt.

Zwei Jahre später, am 8. Juli 2006, wurde ebenso deutlich, dass das Projekt des neuen Bundestrainers Jürgen Klinsmann geglückt war. An jenem Tag sicherte sich die deutsche Mannschaft mit einem 3:1 gegen Portugal den dritten Platz bei der Heim-Weltmeisterschaft. Doch fast verblüffender als diese Platzierung wirkte die Art und Weise, wie die Deutschen spielten. Dieselbe Mannschaft, die der europäische Fußballverband UEFA zwei Jahre zuvor noch in einer Studie als »zu langsam und nicht abwechslungsreich« abqualifiziert hatte, begeisterte die Menschen nun mit offensivem, risikoreichem Tempofußball. Das Team galt als durchweg sympathisch, wurde von Millionen Fans stürmisch gefeiert. Und selbst in der notorisch deutsch-feindlichen britischen Presse war Lob zu lesen für Klinsmanns Team, das ein »neues Deutschland« verkörpere.

Dabei hatte am Anfang, im Sommer 2004, noch so vieles gegen Klinsmann und seine Mitstreiter gesprochen. Zahlreiche DFB-Funktionäre, die Medien, die Bundesligavereine, die Mehrzahl der Deutschen äußerten Skepsis. Die Qualität der vorhandenen Spieler schien nicht zu Jürgen Klinsmanns Vorstellungen von Fußball zu passen.

Uns als Wissenschaftler interessierte, wie innerhalb von zwei Jahren dieser enorme Wandel möglich wurde. Was waren die Stellhebel für dieses erfolgreiche Change-Management?

Um das zu verstehen, haben wir Vision, Strategie, Organisation und Führungsprinzipien der Nationalmannschaft und des DFB untersucht. Wir haben eine umfassende Dokumenten- und Videoanalyse durchgeführt und auf dieser Grundlage mehrmals die Schlüsselpersonen aus den verschiedenen Bereichen – Spieler, Trainer, Management, Betreuer und Presse – gesprochen. Die so gewonnenen Daten fassten wir in einer Fallstudie zusammen und glichen sie mit den neueren Erkenntnissen aus Strategie-, Change- und Führungsliteratur ab. Die Ergebnisse stellten wir anschließend den Entscheidungsträgern vor; in Workshops mit Experten haben wir sie schließlich weiter vertieft und vervollständigt.

Um gleich einmal sehr fachlich zu werden: Der Trainer und sein Führungsteam haben einen Change-Prozess umgesetzt, der in der Managementforschung als Wandel zweiter Ordnung oder transformationaler Change bezeichnet wird. Er unterscheidet sich deutlich vom Wandel erster Ordnung, der bestehende Denkmuster in der Organisation nicht antastet und nur die Strukturen und Abläufe verbessern will. Beim Wandel zweiter Ordnung fragen die Verantwortlichen: Wie würden wir vorgehen, könnten wir von vorn anfangen?

Jürgen Klinsmann machte von Beginn an klar, dass es ihm um einen tief greifenden Wandel ging. Schon am 15. Juli 2004, im ersten Interview nach seinem Amtsantritt, sagte er: »Im Grunde muss man den ganzen DFB auseinandernehmen.«

Natürlich ist unser Thema vor allem die Art und Weise, wie Klinsmann die Mannschaft geführt hat, wie er mit den einzelnen Spielern umgegangen ist. Wie er also auf der Mikroebene der Organisation gearbeitet hat. Aber wir wollen zunächst einen Blick auf sein Wirken auf der Makroebene werfen (Wir sprechen auch von indirekter Führung oder organisationaler Führung). Das eine ist ohne das andere nicht denkbar.

Viele vermeintliche Fußball-Experten meinen ja heute, Klinsmann habe nichts geleistet, außer große Reden zu schwingen. Die Arbeit habe der Co-Trainer Joachim Löw geleistet. Doch Klinsmann und seine Mitstreiter haben das Fundament für den Wandel auf besagter Makroebene gelegt. Sie krempelten die Organisation der Nationalmannschaft um. Und das geschah in sechs Schritten, der Theorie von John P. Kotter folgend. Es ist ein Beispiel dafür, wie unsere Wirtschaft tatsächlich vom Fußball lernen kann.

1. Das Gefühl der Dringlichkeit schaffen
Von Beginn an stellte Klinsmann klar, dass er sowohl den DFB als auch die deutsche Nationalmannschaft als reformbedürftig einschätzte. Diese Aussage traf er nach einer ausführlichen Analyse des deutschen Fußballs. Er hatte gemeinsam mit seinen Beratern dessen Geschichte untersucht. Mit einer überraschenden Offenheit nannte Klinsmann anschließend die Probleme beim Namen und thematisierte diese unablässig innerhalb des DFB und in den Medien. Er zeigte auf, dass der deutsche Fußball zurückgefallen war. Während die meisten Topleute der führenden Fußballnationen für Klubs in Italien, Spanien oder England spielten, waren zu Klinsmanns Amtsübernahme lediglich Jens Lehmann und Robert Huth im Ausland aktiv.

Außerdem zeigte Klinsmann Defizite des deutschen Fußballs in der Jugendarbeit und in der Trainingslehre sowie den Sportwissenschaften auf. Nach seiner Amtsübernahme sagte er dazu: »Während sich unsere ausländischen Konkurrenten weiterentwickelten, haben wir uns in vielen Bereichen nicht bewegt. So gab es bei der deutschen Nationalmannschaft immer nur einen Trainer und einen Co-Trainer, die für alles zuständig waren. Dabei ist so viel Geld im Spiel, da muss es doch auch eine professionelle Betreuung des Kaders in allen Bereichen geben.«

2. Eine starke Führungskoalition etablieren
Schon bei seinem ersten Treffen mit dem damaligen DFB-Generalsekretär Horst R. Schmidt und dem DFB-Präsidenten Gerhard Mayer-Vorfelder hatte Klinsmann klare Vorstellungen von seinem künftigen Führungsteam. In jedem Teilbereich wollte er nur mit den Besten der Besten zusammenarbeiten und die Verantwortung für die Mannschaft mit diesen Experten gemeinsam tragen. Gleichzeitig forderte er die alleinige Entscheidungskompetenz in allen sportlichen Belangen. Keiner der Funktionäre des DFB sollte sich einmischen dürfen.

Klinsmann erinnert sich: »Mein Führungsteam sollte neben Co-Trainer, Manager, Sportpsychologen, Fitnesscoach, Chefscout und Medienbeauftragten ebenfalls ein Nationalmannschaftsbüro für die Abwicklung sämtlicher organisatorischer Belange umfassen. Ich wollte ein hoch professionelles Umfeld mit Teammitgliedern schaffen, denen ich blind vertrauen konnte. Bei diesen Forderungen war ich kompromisslos, und ich sagte dem DFB: Wenn ihr mich haben wollt, dann machen wir das so oder gar nicht.«

Klinsmann hielt sich an seine Worte: Als ihm der DFB und Franz Beckenbauer den ehemaligen DFB-Coach Holger Osieck als Assistenztrainer empfahlen, lehnte er ab und wählte seinen Wunschkandidaten Joachim Löw.

Auch für den Job des Teammanagers, den es vor der Ära Klinsmann beim DFB nicht gegeben hatte, kam für ihn nur Oliver Bierhoff infrage, sein ehemaliger Nationalmannschafts-kollege. Bei der weiteren Rekrutierung des Führungsteams ach-teten Klinsmann, Löw und Bierhoff darauf, dass neben den fachlichen auch die menschlichen Qualitäten stimmten. Sie leg-ten deshalb fest, dass zumindest einer der drei schon einmal intensiv mit dem nominierten Experten zusammengearbeitet und dabei durchweg positive Erfahrungen gemacht haben musste.

Klinsmann sah in den Mitgliedern des Führungsteams weniger Mitarbeiter als vielmehr Partner mit jeweils kom-plementären Fähigkeiten, was auch Joachim Löw bestätigte: »Jürgen sagte mir damals bei unserem ersten Treffen, dass er nicht mein Chef sei, sondern dass wir gemeinsam in einem Boot säßen und er nur in Pattsituationen entscheiden würde.«

3. Vision und Strategie entwickeln

Aufbauend auf ihrer umfassenden Analyse des Weltfußballs im Allgemeinen und der deutschen Situation im Speziellen for-mulierte das Führungstrio die Vision für die Weltmeisterschaft 2006. Gemeinsam mit dem Teammanager Oliver Bierhoff ver-kündete Klinsmann, dass sie den deutschen Fußball wieder großmachen und 2006 im eigenen Land Weltmeister werden wollten. Ein zumindest mutiges Versprechen angesichts des Fiaskos bei der vergangenen Europameisterschaft. Dem Füh-rungstrio war wichtig, dass die Vision nicht nur ein Ziel festlegte – Gewinn der WM 2006 –, sondern auch mit Emotionen spielte: Begeisterung, Stolz. In den Worten von Oliver Bierhoff: »Jedes Kind in Deutschland soll wieder den Wunsch haben, Nationalspieler zu werden.«

Eng verbunden mit der Vision ist die Frage nach der Strategie. Auf welchem Weg erreichen wir das Ziel, das in der Vision aufscheint? Das Führungstrio erkannte: Mit der offensiven, aggressiven Spielphilosophie, wie sie in den englischen Stadien gepflegt wurde, würde man am besten vorankommen. Als Basis dafür brauchte man allerdings – zumal angesichts der spielerischen Defizite der Mannschaft – eine herausragende Fitness. Sturm und Drang, Leidenschaft und Kraft sollten das Kennzeichen dieser Mannschaft sein.

Die Spieler wurden in die Strategiefindung eingebunden. Klinsmann dazu: »Noch vor unserem ersten Spiel gegen Österreich im August 2004 war es uns wichtig, gemeinsam zu klären: Wofür wollen wir stehen? Welchen Stil wollen wir entwickeln? Wer sind wir eigentlich? Wir haben gesagt, wir wollen nach vorn spielen, Druck machen, agieren statt reagieren. Wir haben die Jungs gefragt: Passt das zu uns? Sind wir das? Die haben gesagt: Ja, genauso sind wir. Da war klar: Das ist unsere Marschroute. Jeder steht dahinter. Wir greifen an, auch außerhalb des Feldes, das ist unser Stil.«

4. Eigendynamik ermöglichen

Nachdem Vision und Strategie definiert waren, ging das Führungstrio gemeinsam mit dem Expertenteam an die Umsetzung. Klinsmann beschränkte sich bewusst auf Koordination und Moderation und achtete darauf, dass die Fachleute ihren Job tun konnten. Neue Ideen und Initiativen waren jederzeit willkommen und wurden oft trotz öffentlicher Kritik und Häme in die tägliche Arbeit mit dem Team integriert. So zum Beispiel, als der amerikanische Fitnesscoach Marc Verstegen die Nationalspieler gleich beim ersten Training mit Gummitwistbändern arbeiten ließ. Die Zeitungen überschütteten das Team mit Hohn. Mit ihren Bändern um die Oberschenkel sah das ja aus, als würden Enten über den Platz watscheln. Machte Klinsmann die Spieler lächerlich? Doch Klinsmann ließ sich nicht beirren. Er hielt den Spott aus – wohl wissend, dass diese Art des Trainings in anderen Sportarten längst gang und gäbe war.

Parallel dazu kümmerte sich der Sportpsychologe Hans-Dieter Hermann um die sensiblen Kickerseelen, der Schweizer Urs Siegenthaler wurde als Taktik-Experte verpflichtet. Oliver Bierhoff übernahm gemeinsam mit Georg Behlau, dem Leiter des Büros der Nationalmannschaft, die Pflege der Beziehungen zu den Sponsoren und zu den Bundesligavereinen sowie sämtliche organisatorischen Angelegenheiten.

Trotz anfänglicher Erfolge taten sich – wie bei jedem Change-Projekt – immer wieder Schwierigkeiten auf. Rückschläge mussten verdaut werden. Aber jedes Mal handelte das Führungstrio geschlossen. Beispielsweise, als Klinsmann den konstruktiven Wettbewerb auf jeder Position, auch auf der des Torwarts, verkündete. Der Torwarttrainer Sepp Maier kritisierte dieses Vorgehen mehrmals öffentlich und forderte für Oliver Kahn einen Stammplatz. Klinsmann und sein Team blieben unbeeindruckt und ersetzten die Torwartlegende Sepp Maier durch Andreas Köpke. Die öffentliche Empörung war groß, aber Klinsmann hielt Kurs. Ähnlich erging es anderen langjährigen Mitarbeitern des DFB, die Klinsmanns neue Philosophie nicht unterstützten.

Schon bald machte in der Verbandszentrale das Wort von der »Schreckensherrschaft« die Runde. Der Bundestrainer ließ sich aber nicht beirren. So schreckte er auch nicht davor zurück, den DFB-Präsidenten Gerhard Mayer-Vorfelder und andere Funktionäre vom Team fernzuhalten.

5. Sichtbare Erfolge erzielen und feiern
Ein Problem vieler Projekte des Wandels besteht darin, dass sich keine kurzfristigen Erfolge einstellen, obwohl Vision, Strategie und neue Strukturen eingeführt wurden. Die Folge ist häufig: In der Belegschaft macht sich Verunsicherung breit. Traditionalisten, Gegner und Verlierer der Reformen sehen dann ihre Chance zum Widerstand. Daher ist es wichtig, Erfolge zeitig sichtbar zu machen und diese zu feiern.

Im Projekt Klinsmann gelang das ein Jahr vor der Weltmeisterschaft beim Confederations Cup. Die besten Nationalmannschaften aus sechs Kontinenten, der amtierende Weltmeister und der Gastgeber traten in Deutschland gegeneinander an. Die Führungscrew inszenierte mit diesem Wettbewerb ganz bewusst eine Generalprobe für die Weltmeisterschaft, und sie gelang. Am Ende des Turniers hatte die deutsche Elf in nur fünf Spielen 15 Tore erzielt und wurde durch einen leidenschaftlichen Sieg über Mexiko Dritter.

Der Sportpsychologe des Teams, Hans-Dieter Hermann, erinnert sich: »Nach dem Sieg gegen Mexiko am Ende des Confederations Cup sind alle Spieler – auch die Ersatzspieler – aufs Feld gegangen, haben sämtliche Betreuer geholt und gemeinsam mit einem Transparent den Fans gedankt. Ich glaube, das war der Moment, als es Klick gemacht hat: Die Spieler haben gemerkt: Was Jürgen Klinsmann uns erzählt, das stimmt wirklich.«

6. Neue Ansätze im Alltag verankern

Ein Phänomen, das wir in der Praxis immer wieder beobachten: Das Change-Programm bleibt stark auf eine Person fixiert. Alles läuft nach Plan, solange dieser Manager die Geschicke lenkt. Der Wandel gerät aber schnell ins Stocken, wenn die Führungskraft den Bereich verlässt. Reflexartig fällt die Organisation dann häufig in alte Verhaltensweisen zurück. Jürgen Klinsmann erkannte diese Gefahr.

Von Beginn an war er darauf bedacht, eine Struktur zu schaffen, die weitgehend unabhängig von den handelnden Personen funktionieren würde. Aus diesem Grund erklärte er die Erneuerung nicht zur persönlichen Chefsache, sondern zu einem Projekt der gesamten Führungsgruppe der Nationalmannschaft, ja des gesamten DFB. Nur so war es möglich, dass Joachim Löw und Oliver Bierhoff nach dem Rücktritt von Jürgen Klinsmann das Projekt im selben Geist weiterführen konnten. Klinsmann sagte hierzu: »Die Lösung der Probleme kam nicht aus einer Einzelperson, sondern aus der Gemeinschaft. Führen heißt, einer Sache zu dienen.«

Führen heißt, einer Sache zu dienen. Den Spruch sollte sich jeder Manager dreimal täglich vorsagen, ehe er morgens seine Bürotür öffnet.

Klinsmann hatte also – auf der Makroebene – die Rahmenbedingungen für den Erfolg geschaffen. Damit kommen wir zur Mikroebene, zur Frage also, welche Form der direkten Führung Klinsmann ausübte. Nur durch einen emotionalen und integrativen Führungsstil gelang es ihm und seinen Mitstreitern, die Spieler, die Betreuer und die Helfer von den Veränderungen zu überzeugen. Den bei Klinsmann beobachteten

Führungsstil bezeichnen wir auch als »4I-Führung« – wie weiter oben schon einmal beschrieben: identifizierend, inspirierend, individuell, intellektuell. Klinsmanns praktische Anwendung der Lehrbuchweisheit sah im Konkreten so aus:

1. Identifizierender Einfluss

Unsere Analyse der Nationalmannschaft verdeutlichte, dass Jürgen Klinsmann eine starke Identifikationsfigur war. Nicht so sehr für die Medien und anfangs auch nicht für die Öffentlichkeit. Umso mehr aber nach innen, für die Mannschaft und den Betreuerstab. Ein Grund waren seine Erfolge als ehemaliger Welt- und Europameister, wichtiger aber war noch sein Verhalten während der zwei Jahre dauernden Zusammenarbeit. Alle Beteiligten spürten, dass der Bundestrainer immer wusste, was er wollte, und diesen Weg kompromisslos ging. Nationalspieler Thomas Hitzlsperger erinnert sich: »Man spürte einfach in jeder Phase des Projektes, dass Klinsmann ein Vollprofi ist, der genau weiß, was er tut. Das gab uns Sicherheit und Zuversicht.«

Als die Mannschaft drei Monate vor Beginn der Weltmeisterschaft 1:4 in Italien verlor, sank die Stimmung in Deutschland auf den Tiefpunkt. Die Medien debattierten, ob es wirklich sinnvoll war, dass Klinsmann seinen Job als Bundestrainer von seinem Wohnsitz in den USA aus betrieb. War er tatsächlich nah genug dran an den Spielern, an der Bundesliga und ihren handelnden Personen? Es gab sogar Spekulationen, er könnte noch vor der WM entlassen werden. Doch das Führungstrio blieb ruhig und stellte sich schützend vor die Spieler.

Häufig beobachten wir Vorgesetzte, die es im Rahmen des Change-Projektes allen Parteien recht machen wollen und dadurch ständig in eine neue Rolle schlüpfen müssen. Sie richten sich wie eine Fahne nach dem Wind aus. Solche Beliebigkeit im Führungsstil durchschauen die eigenen Mitarbeiter schnell, und die Glaubwürdigkeit sowie die Identifikationskraft des Leaders sind dahin.

2. Inspirierende Motivation

Der Bundestrainer Klinsmann wurde nicht müde, den Spielern in Sitzungen und Einzelgesprächen immer wieder das große Ziel, die Vision, den Gewinn der Weltmeisterschaft 2006, und den Weg dorthin aufzuzeigen. Er machte ihnen deutlich, dass sie die einzigartige Chance hätten, Geschichte zu schreiben. So traf sich das Führungsteam im März 2005 mit 40 Nationalspielern in Berlin, dort also, wo 16 Monate später das Endspiel um die Weltmeisterschaft stattfinden sollte. Für diesen Anlass hatten Klinsmann und seine Mitstreiter ein Video mit dem Titel »Herausforderung 2006« produzieren lassen. Es zeigte, unterlegt mit emotionaler Musik, die großen Momente des deutschen Fußballs.

Michael Ballack blickt zurück: »Schon damals in Berlin konnte man spüren, wie der Funke auf die Mannschaft übergesprungen ist.«

Auch später arbeitete Klinsmann – zusätzlich zu seinen Motivationsreden – immer wieder mit Bild und Ton. So ließ er vor jedem wichtigen Spiel ein Motivationsvideo zeigen, das die großen Momente der deutschen Mannschaft während der laufenden WM zeigte. Stets begleitete Musik die Vorbereitungen in der Kabine, das weiß man dank des Dokumentarfilms, den Sönke Wortmann über das Sommermärchen 2006 drehte. An Xavier Naidoos »Dieser Weg« (»... wird kein leichter sein«) und »Was wir allein nicht schaffen« (»... das schaffen wir dann zusammen«) erinnert man sich als Fußballfan deshalb noch heute.

Zwar ist es im Sport sehr viel leichter als in Unternehmen, eindeutige und inspirierende Ziele vorzugeben. Das entbindet Führungskräfte aber nicht davon, sich Gedanken darüber zu machen, wie sie Ziele gerade in Change-Projekten nahebringen können. Welche emotionalen Zielbilder sie vermitteln könnten, welchen Pokal sie in Zukunft mit ihrem Team erobern wollen. Häufig belassen sie es dabei, beim jährlichen Zielvereinbarungsgespräch mit ihren Mitarbeitern über deren Leistungsvorgaben zu sprechen. Zur Motivation loben sie dann noch einen Bonus oder eine Gratifikation aus. Die Mitarbeiterführung wird so auf eine Austauschbeziehung Belohnung gegen Leistung reduziert. Auf Transaktion statt Transformation. Das Modell von gestern.

3. Intellektuelle Anregung

Ein weiteres wichtiges Element der Führung war das Bemühen der Verantwortlichen, den Spielern neue Einsichten zu vermitteln und sie wann immer möglich einzubinden. Die Einbeziehung der Spieler ging sogar so weit, dass auf Wunsch Klinsmanns vor jedem WM-Spiel ein Mannschaftsmitglied eine kurze Kabinenansprache hielt. Dabei achtete er darauf, dass vorwiegend die Ersatzspieler zu Wort kamen. Oliver Bierhoff sagt dazu, das Leitbild Klinsmanns sei immer der selbstverantwortliche, offene und interessierte Spieler gewesen. In der Wirtschaftspraxis beobachten wir dagegen häufig Chefs, die teils bewusst, teils unbewusst Neuem kaum Raum lassen. Ideen ihrer Mitarbeiter sind ihnen im Grunde ein Gräuel. Ein solches Verhalten würgt Ideen und Innovationen ab.

4. Individuelle Behandlung

Das vierte »I« steht für die individuelle Anerkennung und Förderung jedes Teammitglieds. Klinsmann hat in der zweijährigen Vorbereitungszeit und während der WM Dutzende von Gesprächen mit jedem Spieler geführt und versucht, Stärken, Schwächen, Einstellungen und Ängste zu verstehen. Daraus zog er Konsequenzen für jeden Einzelnen. Auch das Training mit der Mannschaft wurde weitgehend individualisiert. Klinsmann dazu: »Von den herkömmlichen Trainingseinheiten, bei denen alle 23 Spieler gleichzeitig auf dem Platz stehen und dasselbe Training absolvieren, haben wir Abstand genommen.«

In Unternehmen beobachten wir häufig, dass Mitarbeiter kaum individuell behandelt werden, dass Chefs selten Einzelgespräche mit ihren Mitarbeitern führen. Dabei sollten sie ihre Stärken analysieren und ihnen helfen, diese weiterzuentwickeln. Lieber reitet man auf den Defiziten der Mitarbeiter herum. Das sorgt für schlechte Stimmung und raubt dem Team viel Energie.

Als Fazit lässt sich festhalten: Jürgen Klinsmann hat die deutsche Nationalmannschaft fast lehrbuchartig einem Change-Management unterzogen, das bis heute nachwirkt. Er hat vorbildlich die transformationale Führung praktiziert, die wir den Managern von heute immer wieder predigen. Und er hat eine stimmige Kombination von Vision, Strategie, Organisation und Kultur etabliert und konsequent umgesetzt.

Wir hören jetzt schon Ihren Einwand: »Es ist doch nur Fußball. Ein Gegentor hier, ein Gegentor dort, und Klinsmann wäre grandios gescheitert, nicht wahr? Und hat er nicht mit den gleichen Methoden als Bundesligatrainer beim FC Bayern München in der Saison 2008/2009 auf der ganzen Linie versagt?«

Antwort Nummer eins: Die Prinzipien, denen Klinsmann gefolgt ist, garantieren natürlich nicht den Erfolg. Aber sie garantieren mittelfristig, dass ein Team die Möglichkeiten ausschöpft, die in ihm stecken.

Antwort Nummer zwei: Klinsmann hat versucht, sein beim DFB erprobtes Erfolgsrezept in gleicher Weise beim FC Bayern fortzuschreiben und wurde damit zum Opfer des *Paradoxon of Success*. Denn er vergaß zwei gravierende Unterschiede. Zum einen kam er in einen Verein, der über viele Jahre hinweg erfolgreich war und bei dem, anders als beim DFB, die Notwendigkeit für einen Wandel lange nicht so groß war. Klinsmann hat zu viele Dinge in zu kurzer Zeit geändert und verlor nach ersten Misserfolgen schnell das Vertrauen von Spielern und Vereinsverantwortlichen. So wurde er, anders als beim DFB, in seiner Handlungsfähigkeit stark eingeschränkt.

Noch heute erinnern sich viele Experten mit Hohn an Klinsmanns Versprechen, er wolle jeden Spieler jeden Tag ein Stück besser machen. Das ist – im Prinzip – ein ganz normales Ziel, jedem Unternehmen sollte es als Leitlinie dienen: Jeden Tag ein Stück besser werden. Beim FC Bayern jedoch wurde es Klinsmann als Größenwahn ausgelegt: Wie sollte man die Stars bei diesem ruhmreichen Klub noch besser machen? Klinsmann hätte wohl besser sagen sollen: »Ich will den Spielern helfen, jeden Tag besser zu werden.«

In der Bundesliga geht es um »*Ongoing Business*«, um den laufenden Betrieb, und der Testfall ist nicht ein alle zwei oder vier Jahre stattfindendes Turnier, sondern das Spiel am nächsten Wochenende. Das bedeutet, ein Leader bekommt viel weniger Zeit, um ein neues Konzept zur Entfaltung zu bringen.

Die Prinzipien guter Führung, die Klinsmann bei der Nationalmannschaft beherzigte, haben sich längst durchgesetzt im deutschen Fußball. Und sie wurden weiterentwickelt von Trainern, die Klinsmann rein fußballfachlich wohl überlegen sind. Zum Beispiel von Pep Guardiola, früher FC Barcelona, dann FC Bayern München, jetzt Manchester City. Und von Joachim Löw bei der Nationalmannschaft.

Guardiola und die Schwarmintelligenz

Führungsspieler sehen mittlerweile nicht mehr so aus wie deutsche Fußballhelden der Vergangenheit, wie Mittelfeldspieler Stefan Effenberg, der den eigenen Fans den Stinkefinger zeigte. Nicht mehr wie Torwart Oliver Kahn, der dem Gegenspieler mit gestrecktem Bein wie ein Kung-Fu-Kämpfer entgegensprang oder ihn gar würgte. Sie sehen nicht mehr aus wie Michael Ballack, der seine jüngeren Mitspieler auch mal niederbrüllte.

Der klassische Leitwolf hat ausgedient. Der *Lone Wolf*, wie wir ihn in der Matrix genannt haben, mag Leistung bringen. Aber er bringt seine Mitspieler nicht weiter, er demotiviert sie eher. Und er gilt als schwer erziehbar. Moderne Trainer wie Pep Guardiola setzen schon lange nicht mehr auf solche Typen. Sie bevorzugen leise Anführer.

Führungsspieler von heute sehen zum Beispiel aus wie der Baske Xavier Hernández. Man nennt ihn kurz Xavi – gut möglich, dass Menschen, die sich nur am Rande mit Fußball beschäftigen, ihn gar nicht kennen. Und trotzdem ist er zum Weltstar aufgestiegen, war Taktgeber der erfolgreichsten Fußballmannschaften der vergangenen zehn Jahre. Weltmeister und Europameister mit der spanischen Nationalmannschaft, viermal Champions-League-Sieger und siebenmal spanischer Meister mit dem FC Barcelona. Ein unauffälliger, kleiner, weder besonders kräftiger noch besonders schneller Spieler – und trotzdem war er für den FC Barcelona bis zu seinem Wechsel nach Katar im Jahr 2015 genauso wichtig wie Lionel Messi, der Superstar. Ein Mann, von dem deutsche Manager lernen können. Xavi, das Modell eines Anführers, der seinen Leuten nicht das Problem vor Augen hält, das es zu bewältigen gilt. Sondern sie mitnimmt bei der gemeinsamen Suche nach einer Lösung.

In Interviews erklärte Xavi auf rührende Weise, wie es ihm gelang, den Superstar Lionel Messi an schlechten Tagen bei Laune zu halten: indem er ihn aus dem Sturmzentrum heraus ins Mittelfeld holte, an seine Seite, wie er ihm den Ball zupasste, ihn mitspielen ließ und ihm das Gefühl gab, er werde gebraucht. Komm, spiel mit mir, kleiner Lionel! Messi ist ein Stürmer und er braucht den Ball, um sich zu entfalten. Wenn er keinen Pass bekommt, verkümmert er. Xavi versuchte ihn immer mit dem Ball, seiner größten Leidenschaft, und nicht mit harten Worten zu aktivieren. Es klingt wie eine Liebeserklärung an seinen Mitspieler.

Das jedenfalls ist die Art, wie gute Anführer heutzutage vorgehen sollten: nicht indem sie selbst glänzen, sondern indem sie ihre Mitarbeiter zur Geltung bringen, sie bei Laune halten, ihre Stärken herausarbeiten.

Pep Guardiola hat als Trainer des FC Barcelona Xavi zu einem Weltstar gemacht, gegen alle Zweifel: Xavi sei zu klein, zu langsam, hieß es, und vor allem könnte er nicht mit dem ebenfalls kleinen und eher langsamen Teamkollegen Andrés Iniesta zusammenspielen. Davon waren selbst in Barcelona viele Experten überzeugt. Was für ein Unsinn. Pep Guardiola hat sie eines Besseren belehrt. Die Art und Weise, wie Guardiola Mannschaften zusammenstellt und trainiert, wie er in der Mannschaft Verantwortung verteilt und wie er sie spielen lässt, ist in vielerlei Hinsicht vorbildlich für modernes Management. Das beginnt schon mit der allerersten Frage, die ein Manager zu klären hat: Will er seine Mitarbeiter auf transformationale Art und Weise führen? Mit dem *Why* – dem *Warum*. Oder doch nur mit dem *Was*, also was genau als nächstes zu tun ist?

Deshalb noch einmal zu Xavi, Guardiolas Lieblingsspieler. Er war nicht nur mit überragendem Talent gesegnet, sondern auch mit einem außerordentlichen Fleiß. Er kniete sich Tag für Tag in die Arbeit, und er schätzte die Art und Weise, wie der Trainer Guardiola den täglichen Drill moderierte: indem er immer das *Warum* erklärte. Das sei ein entscheidender Vorteil des FC Barcelona unter Pep Guardiola gewesen, sagte Xavi in vielen Interviews: Die Spieler hätten immer gewusst, warum sie so und nicht anders spielen sollten. Warum!

Was Xavi da erzählte, das klang, als wäre Trainer Guardiola nach dem Lehrbuch der transformationalen Führung vorgegangen. Kläre das *Warum* – nicht nur, wenn es um den Zweck des Unternehmens geht, sondern bei jeder einzelnen Maßnahme. Das motiviert die Mitarbeiter, sie fühlen sich anerkannt und denken mit.

Auch was die Spielweise betrifft, kann der Fußball des Pep Guardiola als Vorbild für moderne Unternehmen gelten. Man sollte die Vergleiche zwischen Fußball und Wirtschaft nicht übertreiben, aber die Analogien sind doch verblüffend.

Auch der Fußball ist geprägt von ständig steigender Komplexität. Das Spiel wird also immer vielschichtiger, vernetzter, schneller und dynamischer. Und es wird immer mehr geprägt von den Generationen Y und Z, der Internet-Generation. Das lässt sich mit zwei simplen Statistiken aus der Bundesliga belegen.

Erstens: Das Durchschnittsalter der Bundesligisten sinkt zusehends, wobei die Spieler in immer jüngeren Jahren auf Positionen spielen, auf denen sie große Verantwortung für die gesamte Mannschaft übernehmen müssen.

Zweitens: Die Anzahl der gespielten Pässe pro Spiel steigt von Jahr zu Jahr. Das bedeutet, der Ball wechselt immer häufiger von Spieler zu Spieler. Fasst man einen Pass von Spieler A zu Spieler B als Kommunikationsvorgang auf, bedeutet das: Die Profis interagieren immer häufiger miteinander. Sie kommunizieren in rasender Frequenz. Genauso wie sie das über WhatsApp tun.

Aus den beiden Statistiken lässt sich ableiten: Fußball wird zum Spiel der Generation Y und mittlerweile auch schon der Generation Z – jener jungen Leute, die mit dem Internet aufgewachsen sind, die es gewohnt sind, jeden Tag 100 Nachrichten zu verarbeiten.

Gehen wir ein wenig ins Detail. Warum wird der Fußball immer komplexer? Die einzelnen Spieler sind körperlich besser geschult als ihre Vorgängergeneration, sie sind schneller und fitter. Und die Mannschaften bewegen sich als Schwarm über den Platz.

Vorbei sind die Zeiten, als Spiele im Duell Mann gegen Mann entschieden wurden. Vorbei die Zeiten des sogenannten Heldenfußballs, als der Superstar mit wehender Mähne die Kugel stolz durchs Mittelfeld führte – verfolgt von einem Häscher der anderen Mannschaft, einem sogenannten Eisenfuß, der darauf abgerichtet war, den gegnerischen Superstar zu zerstören, manchmal im wahrsten Sinne des Wortes. Und alle anderen Spieler schauten diesem Duell ehrfürchtig zu.

Heute versuchen Mannschaften, den ballführenden Gegner mit mehreren Spielern gleichzeitig zu attackieren, Überzahl herzustellen dort, wo der Ball ist. Ein Schwarm verengt die Räume für die ballführende Mannschaft. Und ebenso ist es der Schwarm, der den Ball im Kollektiv mit schnellen Pässen vor das gegnerische Tor führt.

Was dabei nicht mehr geht: dass die Verteidiger die Hände in die Hüfte stützen, durchatmen und sich geistig ausklinken, wenn die eigenen Angreifer versuchen, ein Tor zu schießen. Es wird zusammen angegriffen und zusammen verteidigt. Denkt einer für einen Augenblick nicht mit und nimmt nicht genau die Position ein, die ihm zugedacht ist, dann entstehen Lücken für den Gegner. Und der ganze Schwarm bricht auseinander.

Das Gegenmittel gegen diese Schwarmattacke ist nun: der schnelle Pass. Die großen Chefgesten gibt es nicht mehr: Sohle auf den Ball, Feldherrenblick, das war einmal. Der Ball muss in Windeseile durch die eigenen Reihen wandern, um dem Gegner den Zugriff zu erschweren, schnell-schnell. *Toque-toque*, oder *Tiki-Taka*, so nannte man das beim FC Barcelona in Spanien, und so ließ Pep Guardiola auch den FC Bayern spielen. Bis heute ist eine schnelle Zirkulation des Balles das Maß aller Dinge und hat den Fußball in eine neue Dimension geführt. Allenorts sieht man allerdings auch schon Weiterentwicklungen dieser Grundidee. Das teilweise etwas träge Ballgeschiebe aus den Anfängen der *Tiki-Taka* Zeit hat sich mittlerweile zum *High Speed* Schwarm weiterentwickelt.

Natürlich haben nicht alle Mannschaften Spieler mit einem derart überragenden technischen Können. Aber das Grundmuster ist überall gleich: Schwarmfußball und schnelles, häufiges Passen, sprich: möglichst viel Interaktion.

Komplexität lässt sich also nur durch Vernetzung bewältigen – im Fußball wie im richtigen Leben. Ein wesentliches Hilfsmittel von Fußballtrainern sind *Heatmaps* – also Diagramme, die Daten des Spiels auf einem stilisierten Spielfeld visualisieren. Die Farbe Blau stellt geringe Datenmengen dar, Farbe Rot hohe Datenmengen; deshalb der Begriff *Heatmap*: Hitzekarte. Rote Flecken auf einem Spielfeld zeigen an, wo sich die Spieler häufig aufgehalten haben, von wo und wohin die Akteure einer Mannschaft besonders häufig Pässe gespielt haben. *Heatmaps* zeigen demnach, wie sich der Schwarm auf dem Spielfeld verhält.

Bei den Führungskräfte-Seminaren präsentiere ich den Managern gern solche *Heatmaps* aus dem Fußball. Denn sie machen Gruppenverhalten und Schwarmintelligenz anschaulich, und provozieren bei den Managern die Frage: Wie sähe so eine *Heatmap* in meinem Unternehmen, in meiner Abteilung aus? Wer kommuniziert wie oft mit wem? Wer bringt sich ein, wer bleibt lieber abseits? *Heatmaps* veranschaulichen ebenso, wie unsinnig es ist, wenn ein Unternehmen in seinen Bereichsgrenzen verharrt. *Heatmaps* zeigen: Der Weg zum Sieg führt nur über gemeinsames Vorgehen.

Google zum Beispiel hat an einem seiner vielen Standorte einmal eine bereichsübergreifende E-Mail-*Heatmap* erstellt. Das Ergebnis ist wenig erstaunlich: Je vernetzter die Mitarbeiter sind, umso höher ist ihre Leistung.

Selbstverständlich arbeitet auch Pep Guardiola mit *Heatmaps*, mit Videoanalysen und Datenbanken, das tun mittlerweile alle Trainer. Die entscheidende Frage ist: Was macht der Trainer mit den Daten? Immer wieder haben Bayern-Spieler erzählt, wie Guardiola sie einzeln zur Seite nahm, ihnen ganz persönlich erklärte, wie sie ihr Spiel, ihre Laufwege verändern sollten.

Jeden Mitarbeiter jeden Tag ein wenig besser machen. Was Klinsmann proklamierte, setzte Guardiola in Perfektion um.

Auch wenn einzelne Maßnahmen erst einmal auf Widerstand trafen. Zum Beispiel im Fall Philipp Lahm. Warum muss ein Mann, der als Außenverteidiger Weltklasse ist, plötzlich ins Mittelfeld rücken? Das haben viele nicht verstanden. Guardiola wusste, was er tat: weil Lahm dort besser zur Geltung kam, weil das Team mit Lahm im Zentrum besser funktionierte. Ein Musterbeispiel für moderne Personalentwicklung: Niemand muss sein ganzes Berufsleben lang auf dem gleichen Posten bleiben.

Ein guter Leader beschäftigt sich mit seinen Leuten, erkennt versteckte Potenziale und trifft auch mal überraschende Entscheidungen. Manchmal muss man den Mitarbeiter zu seinem Glück zwingen, und der Mitarbeiter muss sich zu seinem Glück zwingen lassen. So wie Lahm das tat.

Guardiola, ein Idol der transformationalen Führung? Wie man leicht erkennen kann, bin ich der Meinung, dass Guardiola vieles richtig macht in der Führung. Aber er ist nicht perfekt – vielleicht zu akribisch, vielleicht zu detailorientiert, vielleicht zu besessen? Niemand ist perfekt. Entscheidend ist jedoch seine Fähigkeit, in jeder Phase seiner Karriere reflektiert zu bleiben, sich zu hinterfragen und aus seinen Fehlern zu lernen. So habe ich beispielsweise den Eindruck, dass Guardiola aus seiner Zeit bei Bayern München viel mitgenommen und sich als Führungskraft bei Manchester City wieder ein Stück weiterentwickelt hat.

Löws Meisterstück

Philipp Lahm, Guardiolas Lieblingsspieler beim FC Bayern, ist auch die entscheidende Personalie des Bundestrainers Joachim Löw gewesen. Um die Geschichte mal vom anderen Ende her zu denken: Was wäre wohl mit Joachim Löw als Bundestrainer geschehen, wenn bei der WM 2010 in Südafrika eine von Michael Ballack als Kapitän angeführte, zerstrittene deutsche Mannschaft frühzeitig ausgeschieden wäre? Hätte man ihn weitermachen lassen?

Der überaus verdienstvolle Michael Ballack, von Klinsmann 2006 noch als »Capitano« geadelt, verletzte sich kurz vor der WM schwer. Eine Tragik für ihn persönlich, für die Nationalmannschaft war es eine Chance, in eine neue Ära aufzubrechen. Der letzte Leitwolf des deutschen Fußballs, geprägt vom Vorbild Effenberg, verließ das Feld, und Löw machte klar: Ballack werde nicht mehr zurückkommen.

Die Skepsis war groß, ob diese neue Generation ohne ihn klarkommen würde. Um es mal deutlich zu sagen: Viele in Deutschland hielten Joachim Löw und seinen neuen Kapitän Philipp Lahm für zu weich. Man traute ihnen nicht zu, eine Mannschaft zu einem großen Titel zu führen. Und es klang für viele sehr fremd, wie sie ihre Vorstellung von Führung formulierten.

Joachim Löw sagte: »Die Zeit ist vorbei, in der man Dinge vorgibt, die Spieler oder Mitarbeiter schlucken, ohne es zu hinterfragen. Führungsstärke hat heute enorm viel mit Kommunikation zu tun.« Von der Mannschaft forderte er: »Keiner darf durch Nachlässigkeiten den Erfolg der Gruppe gefährden. Das verlangt: Respekt, Pünktlichkeit, Bereitschaft zur Kommunikation, gegenseitig Verantwortung übernehmen, Fehler eingestehen. Und Toleranz dem anderen gegenüber, wenn es mal nicht optimal gelaufen ist.«

Philipp Lahm sagte: »Es ist nicht mehr so wie früher, dass ein einziger Spieler führen muss, dass der den Chef macht und die anderen hinterherrennen. Es geht vor allem um Kommunikation … Auf dem Feld muss jeder führen, jeder im Rahmen seiner Position.«

Kommunikation statt Befehle. Toleranz statt Anpfiff. Solche Aussagen markierten einen epochalen Kulturwandel im deutschen Fußball. Die Spanier spielten im Übrigen damals schon längst Fußball nach diesen Prinzipien.

Nun liegt bestimmt keine Zwangsläufigkeit darin, dass Joachim Löw und sein Team acht Jahre nach dem Sommermärchen, vier Jahre nach den begeisternden Auftritten in Südafrika, wo die Deutschen wieder WM-Dritte wurden, in Brasilien den höchsten Titel im Weltfußball gewannen. Hier und da ein zufälliges Tor auf der anderen Seite, und alles hätte ganz anders laufen können. Und bestimmt lag der Erfolg nicht nur an den modernen Prinzipien der Führung. Anders als Jürgen Klinsmann im Jahr 2006 verfügte Löw 2014 über eine Fülle von Weltklassespielern im besten Alter.

Aber doch hat es Löw, um im Wirtschaftsjargon zu bleiben, lehrbuchgemäß geschafft, das Projekt Nationalmannschaft vom Change-Management – betrieben vom temperamentvollen Jürgen Klinsmann – in »*Ongoing Business*« zu überführen. In den Alltag. Mit ihrer ruhigen, konsensorientierten Art der Führung legten Löw und Nationalmannschaftsmanager Oliver Bierhoff das Fundament für den Titel.

Erinnern Sie sich noch an Campo Bahia? Was sind Löw und Bierhoff nicht verspottet worden für ihren Plan, ein eigenes

WM-Quartier in Brasilien bauen zu lassen? War es nicht viel zu weit ab vom Schuss? War es nicht viel zu teuer und würde es überhaupt fertig werden bis zum WM-Beginn?

Nun steht der »Geist von Campo Bahia« gleichberechtigt neben dem »Geist von Spiez«, dem Spirit, der die deutsche Mannschaft im Jahr 1954 zum ersten WM-Gewinn beflügelte. Eine Analogie zur modernen Büro-Architektur, die den Abschied vom Einzelzimmer markiert: Die Mannschaft wurde in mehrere kleine Häuser aufgeteilt, in Wohngemeinschaften sozusagen. Die Verantwortung für die Aufteilung der Spieler in die WGs übertrug Löw dem Mannschaftsrat bestehend aus Philipp Lahm, Bastian Schweinsteiger, Miroslav Klose und Per Mertesacker. Jeder von ihnen stellte sich seine eigene WG zusammen. Das Ziel war klar: Man wollte vermeiden, dass die dominierende Bayern-Gruppe ständig zusammensteckte und sich absonderte von der rivalisierenden Dortmunder Clique. Und man wollte auch vermeiden, dass Stammspieler und Ersatzspieler getrennte Wege gingen. Exemplarisch für den Spirit von Campo Bahia stand am Ende die Freundschaft zwischen dem Münchner WM-Helden Schweinsteiger und dem Dortmunder Kevin Großkreutz, der keine einzige Minute zum Einsatz kam, aber doch mit seinem Teamgeist abseits des Spielfelds eine tragende Rolle spielte.

Joachim Löw sagte später: »Ich glaube, Campo Bahia war für uns auch ein Schlüssel zum Erfolg und zu diesem guten Teamgeist. Eine Oase der Ruhe, ein Paradies für uns.«

Aber natürlich war es kein netter Spaziergang zum Titel. Es gibt kein Projekt ohne Krise, und in der Krise zeigt sich der wahre Anführer. Nach dem mühevollen, glücklichen 2:0-Sieg im Achtelfinale gegen Algerien war klar: So konnte es nichts werden mit dem WM-Gewinn. Der Anführer Löw griff erstens durch: Per Mertesacker, ein Führungsspieler, musste seinen Platz im Team räumen. Er akzeptierte klaglos. Und zweitens versetzte Löw seinen Kapitän Philipp Lahm – von Guardiola zum Mittelfeldspieler umgeschult – ab dem Viertelfinale wieder auf seine alte Position als Verteidiger. Er wurde dort dringender gebraucht als im Mittelfeld. Und Lahm nahm, wie Mertesacker, die Versetzung ebenso klaglos hin.

Es ist im Übrigen ein offenes Geheimnis, dass Löw von dem Schachzug mit Philipp Lahm anfangs nicht überzeugt war. Es war sein Stab, der dafür plädierte und sich letztlich durchsetzte. Dem Bundestrainer bricht dadurch kein Zacken aus der Krone, ganz im Gegenteil. Er sagt über seine Zusammenarbeit mit Manager, Co-Trainer, Torwarttrainer, Chefscout: »Wir reden über alles, wir haben großes Vertrauen untereinander. Ich brauche ihren Input, sie sind meine Energiegeber. Wenn die Energie mal nachlässt, bin ich froh, Leute um mich zu haben, die auch mal kritisch etwas hinterfragen, die mir sagen: Das geht jetzt in die falsche Richtung.«

Ein Anführer mit wirklicher Autorität lässt seinem Team ab und an auch freie Hand. Das zeigte sich bei der Weltmeisterschaft in der Frage sogenannter Standardsituationen. Löw hält es bekanntermaßen tendenziell für Zeitverschwendung, Ecken und Freistöße zu trainieren. Und doch folgte er dem Wunsch seines Co-Trainers Hansi Flick, die »Standards« ausführlich zu üben. Das Ergebnis war verblüffend: Die Mannschaft erzielte während des WM-Turniers mehrere entscheidende Tore unmittelbar nach Ecken und Freistößen. Den Glanzpunkt in der Team- und Menschenführung setzte aber doch Joachim Löw selbst, im Finale gegen Argentinien. Als er Mario Götze einwechselte, erklärte er dem Stürmer nicht lang und breit seine Laufwege, sondern sagte schlicht: »Zeig der Welt, dass du besser als Messi bist.« Löw sagte nicht, gib dein Bestes, oder: Schieß das verdammte Tor. Er stellte Götze auf eine Stufe mit Messi und inspirierte ihn damit. Wenn man Götze heute fragt, bestätigt er, dass ihn dieser Satz bewegt hat, dass er ihm auf dem Spielfeld Flügel verlieh. Das ist transformationale Führung in Reinkultur. Echtes *Empowerment* und *positive Leadership* »at it's best«. Eine emotionalere Ansprache lässt sich im Fußball nicht vorstellen. Besser als Messi. Sie erinnern sich bestimmt: Götze schoss am Ende das entscheidende Tor zum WM-Sieg.

Würde nicht jeder Arbeitnehmer gern einmal von seinem Chef genau so angesprochen werden, wenn es hart auf hart kommt: »Ich vertraue dir. Du bist der Beste.« Wann haben Sie zuletzt von Ihrem Chef eine solche Inspiration erfahren?

So endete der Weg vom deutschen Sommermärchen 2006 im deutsch-brasilianischen Sommermärchen 2014. Eine lehrbuchhafte Geschichte von transformationaler Führung. Diese Mannschaft wird für immer unvergessen bleiben. Und das liegt nicht nur an ihrem Erfolg, ihrer Spielweise, an ihrem Zusammenhalt. Es liegt auch an der mitfühlenden Art, wie sie beim epochalen 7:1-Sieg im Halbfinale gegen Gastgeber Brasilien mit den Verlierern und ihren Fans umging.

Per Twitter setzte Mesut Özil die Botschaft ab: »Ihr habt ein wundervolles Land, wundervolle Menschen und tolle Fußballer. Dieses Spiel darf euren Stolz nicht zerstören.«

Mitgefühl. Empathie. Demut. Das ist der Kern moderner Teamführung. Und diese Empathie zeigt sich ebenfalls im Umgang mit den gegnerischen Teams, mit den Konkurrenten und in diesem Fall mit den Verlierern.

Weckruf für den VfB Stuttgart

Ich gebe zu: In gewisser Weise begeistert mich die Welt des Fußballs manchmal sogar mehr als die Welt der Wirtschaft. Im Fußball-Business erhält man jedes Wochenende, manchmal sogar zweimal pro Woche eine Antwort darauf, ob das Team richtig geführt wird. Und es ist faszinierend zu sehen, wie vermeintliche Kleinigkeiten große Wirkung entfalten. Für einige Zeit habe ich beim VfB Stuttgart selbst ein wenig Einfluss nehmen dürfen. Nachdem ich mit den ersten Hochleistungsteams aus dem Sport zusammengearbeitet und über meine Arbeit dort publiziert hatte, holte mich der damalige Manager Horst Heldt zum VfB Stuttgart, um gemeinsam mit Trainer Markus Babbel die Zusammenarbeit, Motivation und den Teamgeist der Mannschaft weiterzuentwickeln.

Januar 2009, Faro, Portugal. Ich war mit dem VfB im Wintertrainingslager. Es war halb acht Uhr morgens, der erste Tag begann mit einem Alarm, der Tote wieder zum Leben erwecken hätte können. Eine erste Überprüfung ergab: Lärmquelle war der Fernseher. Ein empörter Anruf bei der freundlichen Dame an der Rezeption brachte in Erfahrung: Das war der hoteleigene Wecker, er lief über den Fernseher. Von dem Einwand, man habe den Weckruf definitiv nicht in Auftrag gegeben, ließ die Frau sich nicht beeindrucken: Die gesamte Delegation des VfB Stuttgart werde um diese Zeit geweckt. Befehl von ganz oben. Er gelte für alle, auch für den mitgereisten Akademiker aus St. Gallen.

Beim Frühstück gab es unter den Spielern dann kein anderes Thema mehr als diesen mörderischen Weckruf. Aber keiner von ihnen beschwerte sich. Das tat dann ich, der Externe.

Frage an Trainer Markus Babbel: »Traust du deinen Leuten nicht zu, dass sie selbst pünktlich aufstehen?« Was sei denn das für ein Signal an die Profis: dass man sie wie Schulkinder aus den Federn jagen müsse?

Markus Babbel antwortete verständnislos: Er selbst sei in seinen 17 Jahren als Profi immer geweckt worden. FC Bayern, Hamburg, Liverpool, Blackburn, Stuttgart: überall der fremdgesteuerte Weckruf. Die natürlichste Sache der Welt. Ich erwiderte damals, das sei aber sehr »transaktional«. Markus Babbel wusste zu dem Zeitpunkt schon, was gemeint war. Er kannte aus unseren Gesprächen den Unterschied zur transformationalen Führung. Er wusste, wohin die Reise gehen sollte. Drei Tage später trat Markus Babbel vor die Mannschaft und erklärte: »Männer, ihr wisst, wir trainieren jeden Morgen um neun Uhr. Und ihr wisst auch: Damit man um neun vernünftig trainieren kann, kann man nicht erst um fünf vor neun aufstehen. Aber wann genau ihr aufstehen, und wie ihr geweckt werden wollt – das ist ab sofort eure Sache.« Es war ein kleines Zeichen, aber ein wichtiges Zeichen.

Vier Tage lang sollte ich damals in Faro dabei sein. Vier Tage, um mit dem Trainer, dem Manager und dem ganzen Betreuerstab das Thema Kultur und Führung zu vertiefen, um zu beurteilen, ob sie wirklich den richtigen Ton trafen im Umgang mit diesen jungen Leuten und vor allem die intrinsische Motivation weckten.

Trainer und Manager wollten nach dem Abschied von Trainer Armin Veh, der zwei Jahre zuvor den VfB noch zur Meisterschaft geführt hatte, damals eine Mannschaft aus selbstbestimmten, eigenverantwortlichen Profis aufbauen. Aber taten sie auch alles, um den Profis ein eigenverantwortliches Leben zu ermöglichen? Natürlich beantworteten sie die Frage offiziell mit Ja. Dass sie dennoch einem externen Berater Zugang zur Mannschaft gewährten, zeigte: Sie zweifelten, und sie waren bereit, Rat anzunehmen. Das sprach und spricht für sie.

Dem externen Beobachter fielen sofort diese starren Mechanismen auf, mit denen der Tag geregelt war. Der Weckruf. Die gemeinsamen Essenszeiten. Die Spieler störten sich gar nicht daran, sie empfanden solche Regeln als selbstverständlich, sie kannten nichts anderes. Die Stimmung war prächtig im Trainingslager. Und dennoch: So eine kleine Geste wie die Abschaffung des gemeinsamen Weckrufs setzte Energien frei: eine kleine Wende hin zur Eigenverantwortlichkeit und Transformation.

Ebenso seltsam wie den Morgenalarm fand ich die Art und Weise, wie Strafen verhängt wurden. Wer zehn Minuten zu spät zum Training kam, zahlte 100 Euro. Wer 20 Minuten zu spät kam, zahlte 500 Euro. Die Summen steigerten sich exponentiell je größer die Verspätung war.

Die Profis begriffen das als Herausforderung: ein cooler Hund, wer die höchste Strafe klaglos annimmt und locker die Scheine zückt. So verschafften sie sich sogar Respekt, während sie der Gemeinschaft mit ihrer Disziplinlosigkeit schadeten.

Man kennt den gleichen Mechanismus aus Kindergärten: Sobald die Leitung Strafen einführt, wenn Eltern ihre Kinder am Morgen zu spät abliefern, kommen die betreffenden Eltern noch später. Denn sie können sich ja aus ihrer Verantwortung freikaufen. Und das schlechte Gewissen, weil sie den Betrieb des Kindergartens stören, verflüchtigt sich umso mehr, je höher die Strafe ist.

Horst Heldt und Markus Babbel hatten zu diesem Thema in Faro eine geniale Idee. Sie kündigten an: keine Strafen fürs

Zuspätkommen mehr. Stattdessen: Alle Spieler warten in der Umkleidekabine, bis der letzte Sportkamerad eingetroffen ist. Erst dann geht man geschlossen nach draußen. Der verspätete Trainingsbeginn wird selbstverständlich durch ein längeres Training kompensiert. Fortan regelten die Spieler die Sache unter sich, denn niemand hatte Lust, sinnlos Zeit zu verschwenden, schon gar nicht in der Umkleidekabine. Außerdem hatten die meisten nach dem Training noch andere Termine, zu denen man auf keinen Fall zu spät kommen wollte. Manche Spieler wurden im Laufe der Rückrunde von ihren Kollegen sogar angerufen und zur Pünktlichkeit ermahnt. Man munkelt, dass Khalid Boulahrouz, der niederländische Abwehrspieler, damals einige Anrufe von Teamkollegen erhielt: »Wo bleibst du, Mann? Beeil dich, wir wollen nicht schon wieder später starten wegen dir!«

Das wichtigste Projekt in Faro war es allerdings, die Gruppe auf eine gemeinsame Vision einzuschwören. Dazu trafen sich zunächst Trainerstab, Manager und Betreuer ohne Spieler. Sie verteilten die Profis in einem ersten Schritt in der bereits erwähnten *Result-Value*-Matrix.

Alle drei Monate wiederholte sich dieser Vorgang. Das waren oft stundenlange Debatten. Es gab beispielsweise Spieler, die auf den ersten Blick freundlich, sozial und mannschaftsdienlich erschienen, aber nach einem Tor erst einmal sich selbst feierten, den Fans und Gott dankten – nur nicht dem Mitspieler der den entscheidenden Pass gespielt hatte. Wie sollte man so ein Verhalten bewerten?

Die Diskussionen hatten den sehr positiven Effekt, dass das Trainerteam ein gemeinsames Verständnis von förderlichen Verhaltensweisen und den erwarteten Ergebnissen entwickelte.

Auch die Mannschaft merkte nach anfänglicher Skepsis, dass sie mit diesem Feedback besser werden konnte.

Zur Veranschaulichung der Resultate-Werte-Matrix hat ein anderer Trainer, mit dem wir gearbeitet haben, einmal zwei Körbe mit je elf Zitronen in die Kabine gestellt. In dem einen Korb war auch eine faule Zitrone, im anderen waren nur gute Zitronen. Der Trainer hat seinen Spielern jeden Morgen wieder die Körbe gezeigt und sie gebeten zu beobachten, was mit den Zitronen passiert. In dem Korb mit der einen faulen Zitrone begannen immer mehr andere Zitronen zu faulen. Im anderen Korb blieben alle Zitronen gut. Die Ansage des Trainers: »Ich verspreche euch, ich werde jede faule Zitrone unter euch sofort aussortieren, um unseren Teamerfolg nicht zu gefährden.«

Gute Führung heißt ebenfalls: *Lemon*-Management. Entscheidend ist nicht die genaue Identifikation des Einzelfalls, sondern viel mehr die Tatsache, dass man sich über diese Matrix im Team nicht nur mit den Resultaten, sondern auch mit dem Verhalten der einzelnen Spieler auseinandersetzt. Am Ende führte dies zu einem reflektierten und werteorientierten Miteinander, was nach meiner Erfahrung die Basis für Hochleistung darstellt.

Beim VfB machten sich damals Trainerstab und Manager daran, fünf Werte zu definieren, für die die VfB-Mannschaft stehen sollte. Nach einer sehr lebhaft geführten Debatte standen auf einem Blatt Papier die Worte: Ehrlichkeit, Freude, Loyalität, Respekt, Mut. Danach wurde die Mannschaft aufgerufen, sich mit ihren Visionen und Werten zu beschäftigten. Man kann nun nicht behaupten, dass alle im Kader sich sofort euphorisch daran beteiligt hätten. »Wieder so ein Psychotrick«, dachten wohl viele, »ist bald vergessen, einfach über sich ergehen lassen.«

Einige heuchelten Interesse, andere zeigten anfangs offene Ablehnung. Doch Markus Babbel verstand es gut, die Debatte voranzubringen. Mit der Autorität der vielen Titel, die er als Profi gewonnen hatte, trat er vor die Mannschaft und sagte: In seiner Karriere sei er immer dann besonders erfolgreich gewesen, wenn die Mannschaft eine gemeinsame Vorstellung davon hatte, was sie erreichen wollte und wofür sie stand. Das Wort »Werte« vermied er wohl ganz bewusst, um seinen Spielern nicht allzu psychologisierend zu kommen. Und er fragte die Spieler, was sie denn für eine Vorstellung von dieser Mannschaft hatten.

So kam tatsächlich ein lebhaftes Gespräch in Gang, angetrieben vom Spielerrat, der vorab von dem Projekt informiert worden war. Schließlich verließen alle, die nicht zur Mannschaft gehörten, den Raum, einschließlich Trainer und Manager, um die Spieler frei diskutieren zu lassen. Am Ende stand das sogenannte »Manifest von Faro«. Die Mannschaft konnte sich mit den Werten vollumfänglich identifizieren und hat diese am Ende auf einer Art Collage unterschrieben. Ein Wertekanon, zu dem sich jeder einzelne Spieler mit seiner Signatur verpflichtet hat. Als Vision formulierten die Profis: »Wir wollen geilen, attraktiven Fußball spielen. Wir wollen einen Europacup-Platz erreichen. Wir wollen das DFB-Pokal-Finale in Berlin erreichen. Wir wollen so viele Spieler wie möglich zur Weltmeisterschaft 2010 nach Südafrika bringen.« Alle Spieler unterschrieben das Papier; für den Rest der Saison hing es in der Mannschaftskabine des VfB.

Drei Wochen nach dem Trainingslager in Faro verlor der VfB das Achtelfinale des DFB-Pokals zu Hause 1:5 gegen den von Jürgen Klinsmann trainierten FC Bayern. Und Markus Babbel strich auf dem Manifest die Zeile »Wir wollen nach Berlin«. Eine schmerzliche Erfahrung. Der VfB Stuttgart schien damals dem Untergang geweiht zu sein. Doch der Fußball geht manchmal seltsame Wege.

Am letzten Spieltag der Bundesligasaison hatte der VfB – auf Rang elf in die Rückrunde gestartet – sogar die Chance, mit einem Sieg beim FC Bayern die Münchner noch vom zweiten Platz zu verdrängen. Das Spiel ging verloren, dennoch reichte es für Rang drei: Champions League erreicht, Lohn für eine fantastische Rückrunde. Und ein Großteil der in Faro definierten Ziele wurde verwirklicht.

Der Erfolg lohnte sich zudem finanziell für die Mannschaft. Der Mannschaftsrat hatte danach die Aufgabe, die Champions-League-Prämie unter den Spielern aufzuteilen. Man erwog viele Möglichkeiten: Unter anderem ein kompliziertes Bewertungssystem, in dem Einsatzzeiten ebenso wie Tore und Passgenauigkeit einfließen sollten. Letztlich aber entschied man: Jeder Spieler erhält die gleiche Summe, unabhängig davon, wie oft er in dieser Saison spielte oder wie viele Tore er zum Erfolg beigetragen hatte. Die Spieler kamen zu der Erkenntnis, dass jeder seinen Anteil am Erfolg hatte – auch wenn er nur auf der Bank saß und dieses Schicksal konstruktiv im Interesse des Teams angenommen hatte. Und einen Anteil erhielt auch das »Team hinter dem Team«: Zeugwart, Busfahrer und viele mehr.

Es war eine richtige Mannschaft gewachsen. Ein Trainer und ein Manager mit Autorität, eine Mannschaft mit Charakter, einem gemeinsamen Wertekanon, einer gemeinsamen Vision und einem gemeinsamen Verständnis davon, wie dieses Ziel zu erreichen sei.

Und das alles hatte der VfB Stuttgart dem Manifest von Faro und der Kultur der transformationalen Führung zu verdanken? Natürlich nicht. Merke: Eine gute Führungskultur garantiert keinen Erfolg. Aber sie garantiert, dass das Team auf Dauer seine Möglichkeiten ausschöpft und alles gibt, was in ihm steckt.

Das Ende der Geschichte soll nicht verschwiegen werden: Nur ein halbes Jahr nach dem glanzvollen Saisonfinale wurde Markus Babbel beim VfB Stuttgart wegen Erfolglosigkeit entlassen und durch den Schweizer Christian Gross ersetzt. Später sprach Babbel in einem Interview davon, es habe in der VfB-Mannschaft am Ende ein paar »Stinkstiefel« gegeben.

Wie kann das sein? Der Profifußball ist ein schnelllebiges Geschäft. Führung muss sich immer der jeweiligen Situation anpassen. In dem Fall war das große Problem: Markus Babbel musste auf der Sporthochschule Köln den Trainerschein erwerben. Er konnte zwei, drei Tage pro Woche das Training nicht leiten. Und ein Teamleiter, der nicht jeden Tag aufs Neue mitbekommt, wie die Stimmung in der Mannschaft ist, wer gerade stänkert und wer sich schlecht behandelt fühlt, der kann schnell an Identifikationskraft und Ausstrahlung verlieren.

Was Fußballprofis über sich hinauswachsen lässt

Es ist ein faszinierendes Erlebnis, ganz nah an ein Hochleistungsteam heranzurücken. Für einige Zeit konnte ich diese Erfahrung auch in der Zusammenarbeit mit dem Trainer Jens Keller machen, zunächst beim Fußball-Bundesligisten FC Schalke 04. Wieder war es der Manager Horst Heldt, der mich als Impulsgeber dazuholte. Niemals werde ich den 18. Mai 2013 vergessen. Es war das letzte Spiel der Bundesligasaison, Schalke zu Gast im Stadion des SC Freiburg, ein Endspiel um den letzten zu vergebenden Platz in der Champions League. Ein wegweisendes Match für den FC Schalke, denn die Startberechtigung in der höchsten europäischen Liga bringt einem Verein nicht nur jede Menge Prestige, sondern auch unverschämt viel Geld.

Einige Verantwortliche im Verein hatten deshalb die Vorstellung, man solle der Mannschaft noch einmal so richtig Druck machen. Den Profis sollte eingehämmert werden, dass für Schalke mindestens 20 Millionen Euro auf dem Spiel standen. »Gras fressen«, »kämpfen bis zum letzten Blutstropfen« – die im Fußballgeschäft üblichen Parolen erwartete man von uns. Jens, Horst und ich waren allerdings überzeugt, dass die Mannschaft genau wusste, worum es ging, und dass zusätzlicher Druck sie eher hemmen würde. Wir wollten den Jungs aber extra Energie geben. Sie sollten konzentriert, aber doch locker auftreten. Wir wollten sie deshalb an ihren eigenen Traum erinnern: Champions League, die Liga der Besten. Die Spieler hatten vor der Saison dieses Ziel mittels einer Collage formuliert.

Rund um dieses Thema entwarf ich in Absprache mit Jens Keller und Horst Heldt ein Grobkonzept für eine Ansprache und schnitt ein Video zusammen. In dem Video zeigten wir den Leichtathletik-Star Usain Bolt, bekannt als schnellster Mensch der Welt, in seinem berühmten Motivationsfilm *Faster Than Lightning* – Schneller als der Blitz. Bolt ist in seinen großen Rennen zu sehen, darübergelegt sind als Rap seine Parolen:

»I need to go faster, I need to work harder, I need to keep driving to the finish.« Ich muss schneller laufen, ich muss härter arbeiten, ich muss bis zur Ziellinie Gas geben.

Oder: »*It's all about what you want if you work.*« Es kommt allein darauf an, was du willst, wenn du arbeitest.

Parolen voller Entschlossenheit, aber Bolt vermittelte in dem Video zugleich eine geradezu ansteckende Lockerheit.

In den Abspann des Filmchens montierte ich für die Schalke-Spieler in drei Sprachen die Zeilen: »Eure Entscheidung: Champions League oder Europa League. Lasst unseren Traum Wirklichkeit werden.«

Der FC Schalke gewann das Spiel in Freiburg 2:1. Und vielleicht können Sie sich vorstellen, wie sehr Jens Keller, Horst Heldt und ich uns freuten, als der Profi Julian Draxler nach seinem Tor zum 1:0 auf dem Spielfeld die berühmte Pose von Usain Bolt nachahmte, die aussieht, als würde er einen Bogen aufspannen oder einen gezackten Blitz darstellen.

Nach dem Spiel sagte Draxler vor Journalisten, das Video habe ihn inspiriert, es habe ihm Kraft gegeben.

17. September 2014, noch so ein Datum, das ich nicht vergessen werde. Der FC Schalke spielte in der Champions League in London beim FC Chelsea, im berühmten Stadion an der Stamford Bridge. Der ultimative Thrill, eigentlich. Aber die Mannschaft hatte in der Liga einige nicht so überzeugende Spiele gemacht und zusätzlich sehr viele Verletzte zu beklagen. Die Journalisten hatten die Mannschaft schon abgeschrieben, und Jens Keller musste Berichte lesen, er sei der falsche Trainer für dieses Team. Jens und ich entschlossen uns dazu, die Mannschaft in dieser Situation über einen »Kontrast« zu aktivieren. Das ist ein rhetorisches Stilmittel, mit dem man bei den Zuhörern Motivation, Entschlossenheit und Konzentration steigern kann. Dazu entwickelten wir eine Rede und ein Video mit begeisternden

Bildern vom Ironman auf Hawaii. 3,86 Kilometer schwimmen, 180,2 Kilometer Radfahren, zum Abschluss ein Marathon: 42,195 Kilometer laufen. Härter geht es nicht. In dem Video sind Athletinnen und Athleten zu sehen, die buchstäblich auf allen Vieren ins Ziel kriechen. Aufgeben? Keine Option.

Die Kernaussage des Videos ist: »Es gibt genau zwei Arten von Menschen. Jene, die sagen: Ich kann. Und jene, die sagen: Ich kann nicht.« Wer will schon zur zweiten Gruppe gehören?

Darauf war auch die Rede von Jens Keller ausgerichtet: »Seid ihr wirklich bereit, alles zu geben?« Sie waren bereit. Die Mannschaft kämpfte bis zum Umfallen und erreichte an der Stamford Bridge ein 1:1. Als die Spieler hinterher gefragt wurden, wie so eine Leistungssteigerung denn möglich sei, verwiesen sie auf das Video, das der Trainer ihnen gezeigt hatte. Manager Horst Heldt berichtete, er habe bei der Besprechung vor dem Spiel Gänsehaut bekommen.

Im Laufe der Jahre entwickelte sich eine sehr enge Verbundenheit zwischen Jens Keller und mir. Ich halte ihn für einen sehr guten Menschen, der aufgrund seiner Bodenständigkeit und Bescheidenheit als Trainer häufig unterschätzt wird. Nach seiner Entlassung beim FC Schalke übernahm Keller 2016 den Zweitligisten Union Berlin und führte die Mannschaft sofort auf einen ungeahnten Höhenflug. Jens glaubte daran: Dieses Team konnte mehr sein als nur Zweitliga-Mittelmaß – wenn es in entscheidenden Momenten mehr Zutrauen in die eigenen Fähigkeiten gewinnen würde. Als Union zum Ende der Saison 2016/2017 wider Erwarten ernsthaft um den Aufstieg in die Bundesliga mitspielte, schrieben wir gemeinsam eine Rede, die den Spielern die historische Chance aufzeigen sollte.

Die Rede trug den Titel »11 Schritte zur Unsterblichkeit«. Dazu schnitten wir einen Film, der mit dem Satz begann: »In der Theorie kann Union nicht aufsteigen ...«. Dann zeigten wir Menschen, die mit ihren Leistungen alle Theorien widerlegten. Jimi Hendrix zum Beispiel: In der Theorie spielt man Gitarre mit den Fingern – Hendrix spielte auch mit der Zunge.

In der Folge zeigten wir umkämpfte Spiele, die Union in der laufenden Saison unter großem Druck gewonnen hatte. Die Botschaft: »Wir brechen unter Druck nicht zusammen, wir machen das Unmögliche möglich, wir schaffen zum ersten Mal in der Vereinsgeschichte den Aufstieg.« Das Video hat Gänsehaut bei Spielern und Trainern ausgelöst.

Das anschließende Spiel wurde gewonnen. Die Idee, Geschichte zu schreiben und Unsterblichkeit zu erlangen, setzte sich danach in den Köpfen fest. Am Ende hatte Union die beste Saison der Vereinsgeschichte gespielt – der Aufstieg wurde nur knapp verfehlt. Erfolg kann eben niemand garantieren. Erfolg kann man nicht planen. Auch andere Teams arbeiten hart. Es sind Zufälligkeiten im Spiel, Verletzungspech, falsche Schiedsrichterentscheidungen etc. An was man aber arbeiten kann, ist die Leistung. Leistung ist planbar und gute Führung schafft die Grundlage für Höchstleistung.

Auch das sei an dieser Stelle gesagt: Jens Keller wurde mittlerweile bei Union Berlin entlassen. Der Fußball ist manchmal zynisch. Du spielst die beste Saison in der Geschichte eines Vereins und bist in der darauffolgenden wieder vorne dabei und plötzlich hat der Präsident das Gefühl das sei nicht mehr gut genug. Leistung ist eben auch immer eine Frage der Perspektive und der Erwartungen. Hier habe ich den Eindruck, dass der Fußball von der Wirtschaft noch etwas lernen könnte.

Natürlich bin ich gerade was Jens Keller angeht wohl selbst nicht ganz objektiv. Trotzdem wage ich zu behaupten: Etwas mehr Realismus, Berechenbarkeit und Objektivität gerade von der Vereinsführung würde dem Fußballgeschäft manchmal guttun.

Wie in der Zusammenarbeit mit Managern lege ich ebenfalls im Umgang mit Trainern großen Wert auf *Positive Leadership*. Statt wie früher Spieler zu überwachen, zu korrigieren und zu disziplinieren, sollten Trainer mehr auf die positiven Eigenschaften der Spieler achten. Sie sollten ihnen Vertrauen entgegenbringen. Nur so werden Profis auf Dauer über sich hinauswachsen. Ich versuche darum, meine Coaches an die positiven Eigenschaften ihrer Spieler zu erinnern, an deren Stärken und ihre Leidenschaften.

Eine klassische Übung, die ich mit Trainern wie mit Managern immer wieder mache: Sie sollen sich überlegen, wann sie ihren Mitarbeiter oder ihren Spieler zum letzten Mal im sogenannten Flow erlebt haben, also: Wann ist er oder sie über sich hinausgewachsen und hat etwas richtig gut, wirklich überragend gemacht? Was genau hat die Person in dem Moment getan, und kann sie das in der Rolle, die sie jetzt ausfüllt, oft genug leisten? Anschließend sollte ein Gespräch mit der Person stattfinden: »Hast du das auch so erlebt, oder gibt es andere Tätigkeiten, Rollen, Aufgaben, bei denen du den Flow leichter erreichst?« Man nennt das: die Potenziale des Individuums im Team identifizieren.

Im nächsten Schritt geht es darum, die Potenziale der unterschiedlichen Teammitglieder zu kombinieren – wie ein Dirigent in einem Orchester, der ja ebenfalls immer wieder aufs Neue überlegt, wer die erste Geige spielen soll und wer die zweite, wo die einzelnen Instrumente platziert werden sollen, um das beste Klangerlebnis zu erreichen. Genauso sollte auch ein Manager oder ein Trainer immer wieder überlegen: Wie kombiniere ich meine unterschiedlichen Individuen zum bestmöglichen Gesamtkunstwerk?

Die Trainer, mit denen ich arbeite, beschäftigen sich zu schätzungsweise 20 Prozent in ihrer Vorbereitungszeit auf das nächste Spiel nur mit der Frage: Wer ist wo für das Team und für sich selbst am besten aufgehoben?

Manager stellen sich die Frage, in welcher Rolle ihr Mitarbeiter am besten aufgehoben ist, sehr selten – manche nur einmal im Jahr: beim Jahresendgespräch. Das ist sehr schade, denn sie verschwenden jeden Tag Potenziale.

Um noch ein wenig in der Theorie der Führung zu bleiben: Nach dem Identifizieren von Stärken und dem Kombinieren der Individuen geht es darum, jedes Individuum zu »strecken«. Das heißt: ihm im Einklang mit seinen Potenzialen, Leidenschaften und Stärken mehr Verantwortung zu übertragen. Man sollte Leute einfach mal ins kalte Wasser werfen. Dieser positive Stress hilft ihnen zu wachsen: Sie werden nämlich selbst Ressourcen aufbauen – zum Beispiel durch Coaching und Weiterbildung –, um diese Herausforderung zu meistern. Stress an sich ist nicht negativ. Er hilft uns, uns weiterzuentwickeln. Schädlich ist nur ständiger Stress – und Stress in Dingen, die uns nichts bedeuten oder die uns nicht liegen. Es geht um Oszillation – Anspannung und Entspannung. So wachsen unsere Muskeln, und so wachsen wir auch als Menschen.

Solche Theorien der Führung lassen sich in der Praxis des Profisports ganz konkret umsetzen. Ich habe verschiedenen

Trainern in der Bundesliga immer wieder Tipps gegeben, wie sie Einzelgespräche mit ihren Spielern führen können: immer aufbauend auf gelungenen Szenen aus dem vergangenen Spiel, immer ermutigend, immer im Vertrauen auf ihre Stärken.

Natürlich muss ein Trainer nicht nur die Fähigkeit haben, seine Spieler individuell und stärkenorientiert zu sehen – er muss auch sich selbst immer wieder aufs Neue hinterfragen. Nur so kann er wachsen. In der Zusammenarbeit lege ich großen Wert auf diesen Aspekt. Um darauf hinzuweisen, muss man den richtigen Zeitpunkt und das richtige Mittel wählen, zum Beispiel einen persönlichen Brief in der Ruhephase nach einer Saison. In so einem Rahmen spreche ich sehr konkret Schwächen an, die mir an einem Trainer auffallen.

Und ich stelle grundsätzliche Fragen: Was willst du als Trainer erreichen, und welchen Fußball willst du spielen lassen? Was ist deine Strategie, wie willst du dein Betreuerteam dafür organisieren? Welche Werte soll dein Team verkörpern? Welche Haltung willst du als Leader verkörpern? Wie sollen dich deine Spieler einmal in Erinnerung behalten? Was bist du bereit, dafür zu tun?

Das sind manchmal harte Fragen. Aber nur, wer sich solchen Fragen stellt, kann als Leader Großes erreichen. Egal, ob in der Wirtschaft oder im Sport.

Moderne Leader und ihre Grenzen

Jürgen Klinsmann gab den Job des Bundestrainers schon nach zwei Jahren auf. Er erkannte, dass seine Energie aufgebraucht war. Als Trainer des FC Bayern München verfiel er dem Paradoxon des Erfolgs und unterschätzte die Beharrungskräfte im Verein.

Pep Guardiola verließ den FC Bayern schon nach drei Jahren. Wie kein anderer Trainer vor ihm hat er die deutsche Bundesliga in seinen Bann gezogen, mit seinem Charisma und seiner schwärmerischen Art, Fußball spielen zu lassen. Doch als er seinen Rückzug ankündigte, stand noch nicht fest, ob er an die Erfolge seines Vorgängers Jupp Heynckes anknüpfen würde. Heynckes hatte mit hoher Kompetenz und viel Lebensweisheit die Bayern zum Triple – Champions League, Meisterschaft, Pokalgewinn – geführt. Guardiola spürte den Druck. Und neben vielen anderen Gründen, die der Katalane für seinen Abschied nannte – neues Land, neue Sprache, neues Abenteuer –, war es wohl auch die Last der Erwartungen, die seinen Entschluss beschleunigte, im Sommer 2016 nach England zu wechseln. Am Ende braucht selbst der charismatischste Anführer den einen ganz großen, spektakulären Erfolg.

Jürgen Klopp verabschiedete sich 2015 nach sieben überaus erfolgreichen Jahren von Borussia Dortmund, nicht ganz freiwillig, bevor er in Liverpool eine neue Heimat fand. An seiner Person lässt sich eine Gefahr erkennen, die jeder Führungskraft droht. In der Wirtschaftswissenschaft nennen wir sie »Strength in Overdrive« – Stärke in Übertreibung. Ein Leader darf nicht überziehen. Der emotionale, dominante, rasante Jürgen Klopp lässt einen ebenso emotionalen, dominanten, rasanten Fußball spielen. Angesichts der vielen Titel und Erfolge in Dortmund schrieben die Zeitungen irgendwann nur noch über den Trainer und nicht mehr über die Mannschaft. So etwas mögen Profis nicht. Und als der rasante Fußball nicht mehr zum Erfolg führte, weil sich die Gegner darauf eingestellt hatten, versuchte Klopp, einfach noch rasanter spielen zu lassen und seine Leute noch mehr zu emotionalisieren. Wenn der Trainer seinen Leuten vor jedem Spiel klarmacht, es gehe um Leben und Tod, dann wird er irgendwann unglaubwürdig. Immer mehr vom Gleichen: So kommt es zum Overdrive. Das Team verlor den Faden und letztlich den Glauben an sich selbst. Erst Klopps Nachfolger Thomas Tuchel, ein eher bedächtigerer Trainer, brachte die Mannschaft wieder in ruhigeres Fahrwasser und erweiterte ihr taktisches und strategisches Repertoire. Doch schon nach zwei Jahren wurde er auch wieder entlassen. Stellt sich die Frage: Wie lange sollte ein Leader mit seinem Team zusammenbleiben?

In den Wirtschaftswissenschaften gibt es Untersuchungen, wie lange es braucht, um eine effektive Beziehung zwischen Führungskraft und Mitarbeitern aufzubauen und wie lange diese Beziehung andauert. Herausgekommen ist die 3-5-7-Regel als grobe Leitlinie.

Eine Führungskraft braucht demnach im Schnitt drei Jahre, um das Team richtig kennenzulernen und eine effektive Zusammenarbeit aufzubauen. Nach drei bis fünf Jahren erreicht das Team in der Regel die besten Leistungen. Dann setzen Gewohnheitseffekte ein, und es kommt stellenweise zu dem bereits erklärten Phänomen von *Strength in Overdrive*. So sollte sich die Führungskraft nach sieben Jahren spätestens überlegen, ob sie noch die richtige für die Position ist. Brenne ich noch für die Aufgabe, stehe ich jeden Tag voller Leidenschaft und Inbrunst vor dem Team? Falls dies nicht mehr der Fall ist, sollte man darüber nachdenken weiterzuziehen.

Da in Fußballvereinen der Kontakt zwischen Spieler und Trainer viel intensiver ist und ein Fußballtrainer im Gegensatz zu einem Manager fast seine ganze Zeit auf Führungsaufgaben verwendet, sind hier die Zyklen deutlich kürzer. So können sich Gewohnheitseffekte und *Strength in Overdrive* sehr viel schneller einstellen. Natürlich gibt es auch Ausnahmen wie Arsène Wenger (seit 1996 bei Arsenal London) oder Sir Alex Ferguson (von 1986 bis 2013 bei Manchester United), wobei ihnen zugutekam, dass sie mit Rückendeckung durch die Vereinsführung ihren Kader immer wieder neu mischten.

Eine weitere Ausnahme im Fußball sind die Nationalmannschaften. Während im Vereinsfußball Trainer fast rund um die Uhr mit ihrer Mannschaft interagieren müssen, ist ein Nationaltrainer nur in bestimmten Intervallen mit der Mannschaft zusammen. Das ist auch ein Vorteil von Joachim Löw. Sein Führungsstil und seine Ansprache an die Mannschaft nutzen sich einfach nicht so schnell ab.

Je nach Intensität der Zusammenarbeit kann sich also die 3-5-7-Regel verlängern oder verkürzen. Das Prinzip ist aber immer das Gleiche. Es treten in jedem Job Gewohnheitseffekte und Abnutzungserscheinungen ein, die man als Führungskraft kritisch reflektieren sollte.

Die 3-5-7-Regel hat darüber hinaus in vielen Fällen auch positive Effekte auf die Unternehmenskultur. So verhindert diese Regel das langjährige Blockieren von Positionen und eröffnet damit anderen im Unternehmen neue und vielseitige Karrierechancen. Außerdem lässt sich beobachten, dass durch die vermehrte Rotation, die dieses Prinzip auslöst, Silodenken abgebaut und ein bereichsübergreifender Austausch gefördert wird.

Auf ein letztes Wort

Ich hatte das Glück und die Gelegenheit, mich seit über 20 Jahren mit den Themen Personal, Führung und Kultur näher beschäftigen zu dürfen. Menschen und deren Zusammenarbeit am Arbeitsplatz oder in Sportteams haben mich schon immer fasziniert. Heute stelle ich fest, dass sich beinahe jedes Unternehmen und jede Führungskraft in Deutschland und der Schweiz mit diesem Thema in der einen oder anderen Art auseinandersetzt. Das war in meinen Anfängen anders. Damals wurde ich kaum von Unternehmen für eine Zusammenarbeit angefragt. Das lag wahrscheinlich auch an mir in meinen jungen Jahren, aber meine Kollegen stellten ebenso wenig Bedarf für meine Leidenschaft fest.

Personalabteilungen waren in vielen Fällen zu dieser Zeit lediglich administrative Einheiten, die sich primär um Einstellungen, Lohnabrechnungen, Versetzungen und Kündigungen kümmerten. Wenn ich dann durch viel Glück einmal zu Unternehmen eingeladen wurde und stolz am Empfang sagte, dass ich mich mit Führung und Kultur beschäftige und zur Personalabteilung möchte, wurde ich oft mitleidig angeschaut, und man führte mich meist in den Keller des Gebäudes. Heute ist das anders. Die Personalabteilung hat sich von einer Abrechnungsstelle zu einem strategischen Erfolgsfaktor entwickelt. In vielen Unternehmen ist es ein eigenes Vorstandsresort und von der Agenda der Topentscheider nicht mehr wegzudenken. Ein gutes Beispiel ist hierfür der derzeitige Vorstandsvorsitzende von BMW, Harald Krüger, der seine Karriere im Vorstand des Konzerns als Personalvorstand begann. Ich beobachte diese Entwicklung mit großer Freude.

Allerdings begegne ich in meinen Vorträgen und Seminaren bis heute den Fragen: Kann jeder führen, und kann die Führungsfähigkeit eines jeden weiterentwickelt werden? Sind nicht vielmehr von Natur aus einige Führungskräfte gute Führer und andere eben keine? Die große Frage also: Werden Leader als solche geboren oder werden sie gemacht?

Wenn es nur geborene Leader gäbe und diese Fähigkeit in der DNA verankert wäre, hätten Sie sich das Lesen der letzten 192 Seiten auch sparen können. Ich glaube zutiefst, und viele Studien bestätigen das: Gute Führung ist entwickelbar und kann zu einem gewissen Grad erlernt werden. Dabei geht es vor allem um das Erwecken und Entwickeln von versteckten Potenzialen. Es gibt nämlich unendlich viele Manager in Organisationen, die über Jahre und Jahrzehnte hinweg meist nur eine Rolle spielen und sich in den Strukturen und Vorgaben des Unternehmens verloren haben. Sie führen einfach so, wie sie es von ihrem Chef vorgegeben bekommen oder wie es die Tradition des Hauses ist. Wenn dann ein solches Unternehmen aber, vom Vorstand angefangen, die Themen Führung, Zusammenarbeit und Kultur grundsätzlich auf den Prüfstand stellt und bereit ist, neu zu denken, stellen viele plötzlich fest: Sie haben sich noch nie mit der Frage auseinandergesetzt, wer sie sind und wie sie eigentlich führen wollen. Viele stellen fest, dass sie noch nie ein wirklich tiefgehendes Training oder eine Ausbildung in dem Bereich genossen haben. Und sie stellen fest, dass sie zu Hause, in ihrem Sportverein oder ihrer Musikgruppe ganz anders führen und Menschen aktivieren. Das sind die verdeckten Fähigkeiten, welche in Führungs- und Kulturentwicklungsprogrammen gehoben werden können. Dieses Potenzial ist eine unermessliche Kraft für Motivation, Innovation und Leistung. Größer als jedes Kostensparprogramm, jede Downsizing-Maßnahme und jede Effizienzverbesserung.

Natürlich, das sei an dieser Stelle zugegeben, gibt es ebenso Menschen, die nicht entwickelbar sind oder sich nicht entwickeln wollen, vielleicht auch gar nicht führen wollen. Wir bemerken, dass ein Fünftel der Führungskräfte, mit denen wir arbeiten, keine Freude daran haben, andere zu entwickeln. Sie wollen lieber an Fachthemen und Inhalten arbeiten. Aber das ist ebenfalls eine wichtige Erkenntnis in einem Kulturentwicklungsprozess – für den Einzelnen, für die Organisation. Man muss diesen Menschen über gute Fachkarrieren und spannende inhaltliche Aufgaben Perspektiven bieten. Dann werden auch sie ihr ganzes Potenzial ausschöpfen.

Wenn aber Sie, liebe Leserin und lieber Leser, zur ersten Kategorie zählen oder Ihr Chef beziehungsweise Ihre Chefin hier zugeordnet werden kann, wenn Sie Lust auf Führung und Kultur haben und Ihnen dieses Buch einige Anregungen geboten hat, dann würde ich mir erlauben, Ihnen einen letzten Tipp mit auf den Weg zu geben:

In vielen meiner Begegnungen mit Managern stelle ich fest, dass die Teilnehmer begeistert von den Inhalten sind, alles mitschreiben und viel diskutieren, somit sehr damit beschäftigt sind, Wissen aufzubauen und zu erweitern. Wenige schaffen dann aber den zweiten Schritt vom Wissen zur Reflexion.

Also konkret: Was haben diese Inhalte mit mir zu tun? Wie verhalte ich mich in dieser oder jener Situation?

Sie schaffen es folglich nicht, die Inhalte auf sich und ihre Situation zu beziehen. Das ist jedoch die Grundlage für das Erkennen von eigenen Entwicklungspotenzialen. Es geht ja speziell bei den Themen Führung und Zusammenarbeit nicht darum, einfach nur Wissen anzuhäufen, sondern vielmehr um die kritische Auseinandersetzung mit sich selbst. Dies ist auch die Grundlage für den dritten und letzten Schritt – nämlich der Umsetzung der Erkenntnisse und Reflexionen ins tägliche Tun. Wie wir sagen: vom *Knowing* über das *Being* zum *Doing* kommen. Vor allem beim dritten Schritt – dem Transfer in den Alltag – stelle ich die größten Schwierigkeiten fest. Wie Helmut Fuchs, Andreas Huber und Mirko Rubil es treffend beschreiben: Wir sind Wissensriesen und Realisierungszwerge.

Entscheidend ist es darum, dass Sie nach der Lektüre dieses Buches erste konkrete Schritte in Ihren Alltag ableiten oder Ihrem Chef beziehungsweise Ihrer Chefin einige Hinweise geben. Fangen Sie klein an. Jede große Reise beginnt mit einem ersten Schritt. Sie werden sehen, das wird bei Ihnen und Ihrem Team etwas Positives auslösen. Das wird Ihnen Kraft und Mut geben, den nächsten Schritt zu wagen. So beginnen alle großen Entwicklungen im Leben. Seien Sie mutig, und wagen Sie den ersten Schritt zu einer noch besseren Führung und Zusammenarbeit. Ich verspreche Ihnen: Sie werden damit nicht nur erfolgreicher werden, sondern über die Jahre hinweg auch Erfüllung finden.